高职高专机电类专业"十三五"规划教材
校企合作共同开发教材

西门子 PLC 编程及应用

主　编　彭庆丽　蒋良华　唐绪伟

副主编　唐中武　陈群芳　赵　聪

　　　　唐晨光　李德英　欧海云

参　编　唐东科　王　丽

西安电子科技大学出版社

内 容 简 介

  从便于实际工程应用和满足教学需要出发，全书分为六个项目：项目一为 PLC 的硬件系统及编程软件；项目二为常用基本指令的应用；项目三为顺序控制设计法；项目四为常用功能指令的应用；项目五为 PLC 控制的综合应用；项目六为认识西门子 S7-1200 PLC。本书采用理论结合实践的方式，本着"会用、实用、够用"的原则，强调运用，对专业概念的讲解深入浅出、通俗易懂，并以典型项目案例为媒介，以项目引导、任务驱动为中心，对 PLC 控制系统的工作原理、设计方法和实际应用等做了详细讲解。

  本书可作为高等职业院校机电一体化、电气自动化及相关专业的教材，也可作为工程技术人员的参考书，还可作为相关行业的电工和技术人员的自学教材。

图书在版编目(CIP)数据

西门子 PLC 编程及应用/彭庆丽，蒋良华，唐绪伟主编. —西安：
西安电子科技大学出版社，2019.11
ISBN 978 - 7 - 5606 - 5465 - 2

Ⅰ. ① 西⋯ Ⅱ. ① 彭⋯ ② 蒋⋯ ③ 唐⋯ Ⅲ. ① PLC 技术—程序设计—高等职业教育—教材 Ⅳ. ① TM571.61

中国版本图书馆 CIP 数据核字(2019)第 227782 号

策划编辑 杨丕勇
责任编辑 王 静
出版发行 西安电子科技大学出版社(西安市太白南路 2 号)
电 话 (029)88242885 88201467   邮 编 710071
网 址 www.xduph.com   电子邮箱 xdupfxb001@163.com
经 销 新华书店
印刷单位 陕西天意印务有限责任公司
版 次 2019 年 11 月第 1 版 2019 年 11 月第 1 次印刷
开 本 787 毫米×1092 毫米 1/16 印张 14
字 数 330 千字
印 数 1～3000 册
定 价 36.00 元
ISBN 978 - 7 - 5606 - 5465 - 2/TM

XDUP 5767001 - 1

前　言

近年来，随着工业技术的快速发展，自动化程度越来越高，对自动控制系统的可靠性、可操作性的要求也越来越高。在自动化控制领域，PLC 的应用已十分广泛，市场上 PLC 的生产厂家、型号规格众多，德国的西门子公司凭借其 PLC 全线产品的优异表现，在 PLC 市场的占有率稳居第一。

西门子公司的 S7-200 系列和 S7-1200 系列 PLC 是西门子 PLC 的主流产品，其设计紧凑，扩展性良好，指令功能强大，性价比高，这些特点使它成为当前各种自动控制工程的理想控制器。

本书以西门子公司生产的 S7-200 系列和 S7-1200 系列 PLC 为样机，按项目对教材内容进行序化，并配有对应习题和实训来对知识点进行加强和巩固。

本书共分为 6 个项目：项目一主要介绍 S7-200 系列 PLC 的硬件系统及编程软件的使用；项目二通过常见实例，讲解了编程元件和常用基本指令的应用以及常用基本电路的设计，目的是使读者感受和掌握 PLC 控制系统设计的一般工作流程；项目三结合例子介绍了顺序功能图的绘制，目的是使读者掌握顺序控制指令和 S 元件的应用，并用顺序控制法完成简单程序设计；项目四主要通过实例介绍常用功能指令的应用，旨在逐步培养和提升读者分析较复杂控制系统的能力；项目五主要介绍扩展模块应用，学习过程中读者应理解中断指令、高速计数器指令及高速脉冲指令的应用；项目六叙述了西门子 S7-1200 系列 PLC 的硬件结构，并介绍了 TIA 博途软件的使用。

本书在编写过程中力求做到叙述清楚、讲解详细、通俗易懂，尽可能多地将编者自己的经验和成果融入其中。同时，编者还参考了相关资料和文献，在此向相关作者表示诚挚的感谢。

由于编者水平有限，书中不妥之处在所难免，敬请广大读者批评指正。

编者

2019 年 6 月

目　　录

项目一　PLC 的硬件系统及编程软件

学习任务 1　认识 S7-200 系列 PLC

【任务描述】

我们在使用 S7-200 系列 PLC 之前，先了解一下 S7-200 系列 PLC。

【任务要求】

(1) 了解 PLC 的定义及基本组成。

(2) 理解 S7-200 系列 PLC 的工作原理。

(3) 了解 PLC 常用的编程语言。

(4) 掌握 S7-200 系列 PLC 的结构及技术性能。

(5) 认识 S7-200 系列 PLC 的编程元件。

【能力目标】

(1) 理解 PLC 的基本结构及工作原理。

(2) 熟悉 PLC 的常用编程语言。

(3) 了解 S7-200 系列 PLC 的面板结构。

(4) 认识 S7-200 系列 PLC 的编程元件。

【知识链接】

一、PLC 的定义

可编程序控制器(Programmable Controller，PLC)，是以微处理器为基础，融合了计算机技术、自动控制技术和通信技术等现代科技而发展起来的一种新型工业自动控制装置。PLC是目前最可靠的工控机，也是工业控制的三大支柱(机器人、PLC、CAD/CAM)之一。

国际电工委员会(IEC)在 1985 年的 PLC 标准草案第 3 稿中，对 PLC 作了如下定义："可编程序控制器是一种数字运算操作的电子系统，专为在工业环境下应用而设计。它采用可编程序的存储器，用来在其内部存储执行逻辑运算、顺序控制、定时、计数和算术运算等操作的指令，并通过数字式或模拟式的输入和输出控制各种类型的机械或生产过程。可编程序控制器及其有关外围设备，都应按易于与工业控制系统联成一个整体，易于扩充其功能的原则设计。"

二、PLC 的组成

　　PLC 主要由中央处理器(CPU)、存储器、输入/输出接口、I/O 扩展接口、外部设备接口和电源等几部分组成，如图 1-1-1 所示。

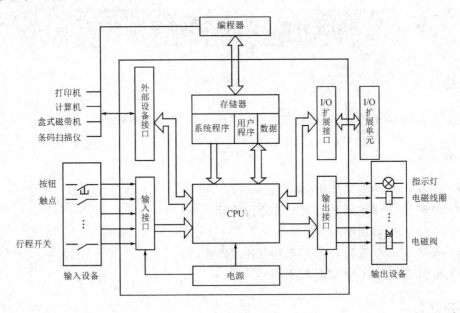

图 1-1-1　PLC 的硬件组成

1. 中央处理器(CPU)

　　CPU 是 PLC 的逻辑运算和控制中心，用来协调系统工作。它不断地采集输入信号，执行用户程序，刷新系统输出。

2. 存储器

　　PLC 的存储器主要用于存放系统程序、用户程序和工作状态数据，包括系统存储器和用户存储器。PLC 使用的存储器有以下几种：

　　(1) 只读存储器(ROM)。ROM 的内容只能读取，不能写入，它是非易失性的，PLC 电源中断后，仍能保存存储的信息，一般用来存放由 PLC 生产厂家编写的系统程序。

　　(2) 随机存取存储器(RAM)。用户可以读取 RAM 的内容，也可以将用户程序写入 RAM 中，常用于存放用户程序和工作数据。但它是易失性的存储器，在 PLC 电源中断后，存储的信息将会丢失。因此，在 PLC 断电时，采用锂电池来供电(或采用 Flash 存储器，不需要锂电池)。

　　(3) 电可擦除只读存储器(EEPROM)。它兼有 ROM 的非易失性和 RAM 的随机存取的优点，但是将信息写入它所需的时间比 RAM 要长，它一般用来存放用户程序和需要长期保存的重要数据。

3. 输入/输出接口

PLC 的输入和输出信号可以分为数字量和模拟量。

数字量输入模块用来接收来自按钮、选择开关、限位开关、光电开关、压力继电器等的数字量输入信号；模拟量输入模块用来接收电位器、测速发动机和各种变送器提供的连续变化的模拟量电压、电流信号，或者直接接收热电阻、热电偶提供的温度信号。

数字量输出模块用来控制接触器、电磁阀、电磁铁、指示灯、数字显示装置和报警装置等输出设备；模拟量输出模块用来控制电动调节阀、变频器等执行器。

（1）输入接口电路。输入接口电路用来接收和采集输入信号。各种 PLC 的输入接口电路的结构大都相同，按其接口接收的外信号电源的不同可分为两种类型：直流输入接口电路和交流输入接口电路。其作用是把现场的开关量信号变成 PLC 内部处理的标准信号。

（2）输出接口电路。输出接口电路通常有三种类型：继电器输出、晶体管输出和晶闸管输出。其作用是把 PLC 内部的标准信号转换成现场执行机构所需的开关量信号，以驱动负载。发光二极管（LED）用来显示某一路输出端子是否有信号输出。

① 继电器输出。继电器输出可以接交、直流负载，但受继电器触点开关速度低的限制，只能满足一般的低速控制需求。为了延长继电器触点的寿命，在外部电路中对直流感性负载应并联反偏二极管，对交流感性负载应并联 RC 高压吸收元件。

② 晶体管输出。晶体管输出只能接直流负载，开关速度高，适合高速控制的场合，如数码显示、输出脉冲信号控制步进电动机和模/数转换等。其输出端内已并联反偏二极管。

③ 晶闸管输出。晶闸管输出只能接交流负载，开关速度较高，适合高速控制的场合。其输出端内已并联 RC 高压吸收元件。

4. 电源部分

PLC 一般使用 220 V 的交流供电电源。在 PLC 内部配有一个专用开关型稳压电源，它将外部电源变换成系统内部各单元所需的各种电压（通常是 DC 5 V、DC 24 V），备用电源采用锂电池。

其内部的开关电源对电网提供的电源要求不高，与普通电源相比，PLC 电源稳定性好，抗干扰能力强。许多 PLC 都向外提供直流 24 V 的稳压电源，用于对外部传感器供电。

对于整体式结构的 PLC，通常电源封装在机壳内部；对于模块式 PLC，有的采用单独电源模块，有的将电源与 PLC 封装到一个模块中。

三、PLC 的扫描工作原理

1. S7-200 系列 PLC 的工作模式

（1）运行模式（RUN）：执行程序，监控程序运行。

（2）停止模式（STOP）：不执行程序，但可以配置 CPU，修改、编译、下载程序。

在 PLC 的前面板上，有指示灯会显示当前的工作模式。改变 S7-200 PLC 的工作模式常用的方式有以下两种。

（1）模式选择开关：拨到最上面时为运行（RUN）模式；拨到最下面时为停止（STOP）模式；拨到中间位置时为终端（TERM）模式，不改变当前工作模式。

如果模式选择开关置于 RUN，则电源恢复时自动进入 RUN 模式；如果模式选择开关置于 STOP 或 TERM，则电源恢复时自动进入 STOP 模式。

（2）模式开关置于 RUN 或 TERM 时，可以使用编程软件遥控 PLC 的运行和停止。

2．S7-200 系列 PLC 的工作过程

PLC 是靠执行用户程序来实现控制要求的。PLC 对用户程序的执行采用周期性循环扫描的工作方式。当 PLC 的模式选择开关置于"RUN"位置时，整个工作过程分为 5 个阶段，即读输入、执行程序、处理通信请求、执行 CPU 自诊断和写输出，如图 1-1-2 所示。

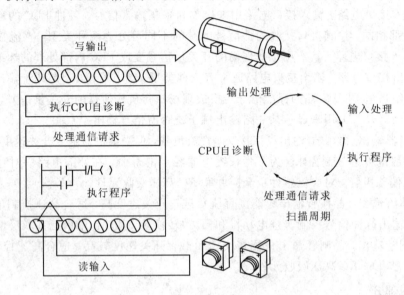

图 1-1-2　PLC 循环扫描工作方式

对于不同的 PLC 产品，其扫描过程的 5 个阶段的顺序可能不同，这取决于 PLC 内部的系统程序。

1．读输入

在读输入阶段，PLC 的 CPU 将每个输入端口的状态复制到输入数据映像寄存器（也称为输入继电器）中。在非读输入阶段，即使输入状态发生变化，程序也不读入新的输入数据，这种方式是为了增强 PLC 的抗干扰能力和程序执行的可靠性。

2．执行程序

在执行程序阶段，CPU 逐条按顺序（从左到右、从上到下）扫描用户程序，同时进行逻辑运算和处理，最终运算结果将存入输出数据映像寄存器（也称为输出继电器）中。

3．处理通信请求

CPU 执行 PLC 与其他外部设备之间的通信任务。

4．执行 CPU 自诊断

CPU 检查 PLC 各部分工作是否正常。

5．写输出

在写输出阶段，CPU 将输出数据映像寄存器中存储的数据复制到输出继电器中。

PLC 扫描周期与 PLC 的类型、程序指令的长短和 CPU 执行指令的速度有关，通常一个扫描周期为几毫秒至几十毫秒，超过设定时间时程序将报警。由于 PLC 的扫描周期很短，所以从操作上感觉不到 PLC 的延迟。

PLC 循环扫描工作方式与继电器并联工作方式有本质的不同。在继电器并联工作方式下，当控制线路通电时，所有的负载（继电器线圈）可以同时通电，即与负载在控制线路中的位置无关。

PLC 采用逐条读取指令、逐条执行指令的顺序扫描工作方式，先被扫描的软继电器先动作，并且影响后被扫描的软继电器，即执行指令的顺序与软继电器在程序中的位置有关。在编程时掌握和利用这个特点，可以较好地处理软件联锁关系。

四、S7-200 系列 PLC 的结构及主要技术指标

1. S7-200 系列 PLC 的结构

目前 S7-200 系列 PLC 主要有 CPU 221、CPU 222、CPU 224 和 CPU 226 共 4 种 CPU 单元。其外部结构大体相同，如图 1-1-3 所示。

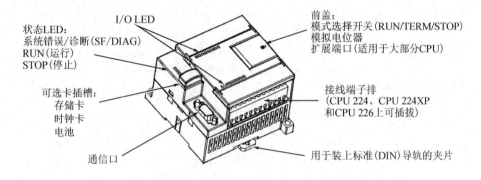

图 1-1-3　S7-200 系列 PLC 的外形图

（1）状态 LED：显示 CPU 所处的状态（系统错误/诊断、运行、停止）。

（2）可选卡插槽：可以插入存储卡、时钟卡和电池。

（3）通信口：RS-485 总线接口，可通过它与其他设备连接通信。

（4）前盖：前盖下面有模式选择开关（运行/终端/停止）、模拟电位器和扩展端口。

模式选择开关拨到运行（RUN）位置，则程序处于运行状态；拨到终端（TERM）位置，保持之前的工作模式不变，用户可以通过编程软件控制 PLC 的工作状态；拨到停止（STOP）位置，则程序停止运行，处于写入程序状态。

模拟电位器可以设置 0～255 之间的数值，用户可以通过调节模拟定位器的方法修改程序要用的参数。其中，模拟电位器 0 对应的数值存储在特殊位存储器 SMB28 中，模拟电位器 1 对应的数值存储在特殊位存储器 SMB29 中。

扩展端口用于将扩展模块与基本单元相连。比如，当用户所需的 I/O 点数超过了主机（基本单元）的 I/O 点数时，就需要用 I/O 扩展模块来实现扩展。

（5）接线端子排：输入/输出端子排、电源端子排。

顶部端子盖下边为输出端子和 PLC 供电电源端子,输出端子的运行状态可以由顶部端子盖下方的一排指示灯显示。程序中,输出继电器的线圈通电,对应输出点的状态为 1 状态,对应输出指示灯亮。

底部端子盖下边为输入端子和直流 24 V 电源端子,输入端子的运行状态可以由底部端子盖上方的一排指示灯显示。输入端子的外部电路接通时,对应输入点的状态为 1 状态,对应输入指示灯亮。

2. S7-200 系列 PLC 的主要技术指标

PLC 的技术性能指标反映出其技术先进程度和性能,是用户设计应用系统时选择 PLC 和相关设备的主要参考依据。S7-200 系列 PLC 的主要技术性能指标如表 1 - 1 - 1 所示。

表 1 - 1 - 1　S7-200 系列 PLC 的主要技术指标

特性	CPU 221	CPU 222	CPU 224	CPU 226
外形尺寸/mm	90×80×62	90×80×62	120.5×80×62	190×80×62
可在运行模式下编辑 不可在运行模式下编辑	4096 字节 4096 字节	4096 字节 4096 字节	8192 字节 12 288 字节	16 384 字节 24 576 字节
数据存储区	2048 字节	2048 字节	8192 字节	10 240 字节
掉电保持时间	50 小时	50 小时	100 小时	100 小时
本机 I/O:数字量	6 入/4 出	8 入/6 出	14 入/10 出	24 入/16 出
扩展模块	0 个模块	2 个模块	7 个模块	7 个模块
高速计数器:单相/双相	4 路 30 kHz 2 路 20 kHz	4 路 30 kHz 2 路 20 kHz	6 路 30 kHz 4 路 20 kHz	6 路 30 kHz 4 路 20 kHz
脉冲输出(DC)	2 路 20 kHz	2 路 20 kHz	2 路 20 kHz	2 路 20 kHz
模拟电位器	1	1	2	2
实时时钟	配时钟卡	配时钟卡	内置	内置
通信口	1　RS-485	1　RS-485	1　RS-485	2　RS-485
浮点数运算	有			
I/O 映像区	256(128 入/128 出)			
布尔指令执行速度	0.22 μs /指令			

3. S7-200 系列 PLC 的外部端子

外部端子是 PLC 输入、输出及电源的连接点。S7-200 系列 PLC 外部端子如图 1 - 1 - 4 和图 1 - 1 - 5 所示。每种型号的 CPU 都有 DC/DC/DC 和 AC/DC/RLY 两类,用斜线分割的 3 部分分别表示 CPU 电源的类型、输入端口的电源类型及输出端口的类型。其中输出端口的类型中,DC 为晶体管输出,RLY 为继电器输出。

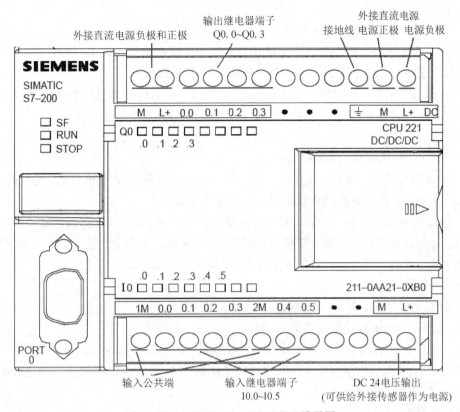

图 1-1-4　CPU 221 DC/DC/DC 端子图

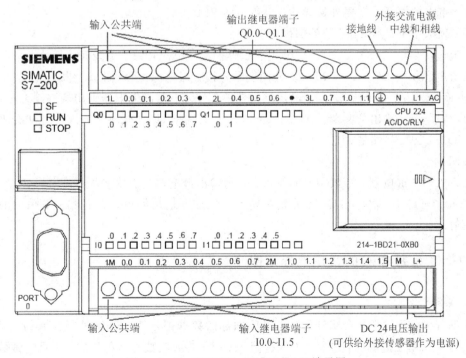

图 1-1-5　CPU 224 AC/DC/RLY 端子图

图 1-1-4 接线说明：

① 该 PLC 外接电源是直流电源。

② 输入端接线时，每一个输入端子接对应的开关或按钮等元件的一端，元件的另一端接直流电源正极，直流电源的负极接对应公共端 1M 或 2M。

③ 输出端接线时，输出继电器端子前的 M 和 L＋分别接外部直流电源的负极和正极；每一个输出端子接对应的负载一端，负载另一端接到 M 端，即电源负极。

图 1-1-5 接线说明：

① 该 PLC 外接电源是交流电源。

② 输入端接线时，每一个输入端子接对应的开关或按钮等元件的一端，元件的另一端接直流电源正极，直流电源的负极接对应公共端 1M 或 2M。

③ 输出端接线时，每一个输出端子接对应的负载一端，若负载为直流负载，则它的另一端接到直流电源的负极，电源正极接公共端 1L、2L 或 3L；若负载为交流负载，则它的另一端接到交流电源的中线(即零线)，交流电源的相线(即火线)L1、L2 或 L3 其中一根接公共端 1L、2L 或 3L。

以 CPU 224 为例，共 14 个输入点、10 个输出点：

(1) 底部端子(输入端子及直流电源)。

I0.0～I0.7、I1.0～I1.5：输入继电器的接线端，输入继电器采用八进制编号。

1M、2M：输入公共端，I0.0～I0.7 的公共端是 1M，I1.0～I1.5 的公共端是 2M。

L＋：24 V DC 电源正极。

M：24 V DC 电源负极。

·：带点的端子上不要外接导线，以免损坏 PLC。

(2) 顶部端子(输出端子及外部供电电源)。

交流电源供电 AC：L1、N、⏚ 分别表示外接交流电源相线、中线和接地线。

直流电源供电 DC：L＋、M、⏚ 分别表示外接直流电源正极、电源负极和地。

Q0.0～Q0.7、Q1.0～Q1.1：输出继电器的接线端，输出继电器采用八进制编号。

1L、2L、3L：输出公共端。Q0.0～Q0.3 的公共端是 1L，Q0.4～Q0.6 的公共端是 2L，Q0.7～Q1.1 的公共端是 3L。

说明：

① I 为输入继电器，是数字量的输入；Q 为输出继电器，是数字量的输出。

② I0.0～I1.5、Q0.0～Q1.1 分别为输入继电器和输出继电器的位格式，采用的是八进制编号。

五、S7-200 系列 PLC 的常用编程元件

1. 常数

在编程中，我们经常会用到常数，PLC 内部的数据都是按二进制进行存取的，但是常数的书写可以用二进制、十进制、十六进制、ASCII 码或实数等多种形式。常见的常数表示形式见表 1-1-2。

表 1 - 1 - 2 常数表示形式

进 制	使用格式	举 例
十进制	十进制数值	20 047
十六进制	十六进制值	16♯4E4F
二进制	二进制值	2♯100 1110 0100 1111
ASCII 码	'ASCII 码文本'	'How are you?'
实数或浮点格式	ANSI/IEEE 754-1985	+1.175495E-38(正数)

2. 数据类型

S7-200 系列 PLC 的数据类型可以是布尔型(0 或 1)、整型和实数型。实数(浮点数)采用 32 位单精度来表示,数据类型、长度及范围见表 1 - 1 - 3。

表 1 - 1 - 3 数据类型、长度及范围

基本数据类型	无符号整数		基本数据类型	有符号整数	
	十进制	十六进制		十进制	十六进制
字节 B(8 位)	0~255	0~FF	字节 B(8 位)	-128~127	80~7F
字 W(16 位)	0~65 535	0~FFFF	整型(16 位)	-32 768~32 767	8000~7FFF
双字 D(32 位)	0~4 294 967 295	0~FFFFFFFF	双整型(32 位)	-2 147 483 648 ~2 147 483 647	80000000~ 7FFFFFFF
布尔型(1 位)	0 或 1				
实数(32 位)	$-10^{38}\sim10^{38}$				

在 PLC 内部运算中,使用的都是二进制数,其最基本的存储单位是位(bit),状态非 0 即 1。

字节(Byte):由 8 个连续的位组成 1 个字节,其中第 0 位为最低位(LSB),第 7 位为最高位(MSB)。

字(Word):由 16 个连续的位组成 1 个字,即两个连续的字节(16 位)组成 1 个字。

双字(Double Word):由 32 个连续的位组成 1 个双字,即 4 个连续的字节或两个连续字(32 位)组成 1 个双字。

位、字节、字、双字占用的连续位数称为长度。

(1)位格式。位格式举例如图 1 - 1 - 6 所示。

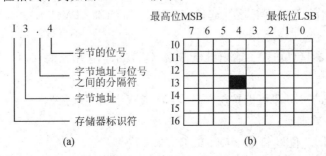

(a)　　　　　　　　　　　(b)

图 1 - 1 - 6 位格式举例

（2）字节格式。字节格式由元件标识符[字节标识符 B][字节地址]组合而成。

（3）字格式。字格式由元件标识符[字标识符 W][起始字节地址]组合而成。

（4）双字格式。双字格式由元件标识符[双字标识符 D][起始字节地址]组合而成。

字节、字、双字格式举例如图 1-1-7 所示。

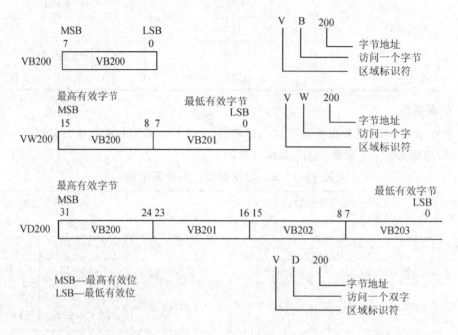

图 1-1-7　字节、字、双字格式举例

在 S7-200 系列 PLC 中，编程元件中 I、Q、M、S、SM、V、L 这 7 个元件具有 4 种编号格式，分别为位格式、字节格式、字格式、双字格式。

3. 编程元件

在 S7-200 系列 PLC 中，根据编程元件的功能不同，数据存储区分成了以下区域：

（1）输入继电器区（I 区）。输入继电器用"I"表示，它用来接收外部传感器或开关元件发来的信号。

它有 4 种寻址方式，即可以按位、字节、字或双字来存取数据。

本区的表示格式如下：

位：I[字节号].[位号]。如：I0.0、I0.7（注意：位号都是按八进制编号）。

字节、字或双字：I[数据长度][起始字节号]。如：IB3、IW4、ID0（注意：字节号都是按十进制编号）。

（2）输出继电器区（Q 区）。输出继电器用"Q"表示，它用于将 PLC 的输出信号传递给负载，以驱动负载。

它有 4 种寻址方式，即可以按位、字节、字或双字来存取数据。

本区的表示格式如下：

位：Q[字节号].[位号]。如：Q0.1、Q0.2。

字节、字或双字：Q[数据长度][起始字节号]。如：QB1、QW2、QD4。

(3) 位存储器区(M 区)。位存储用"M"表示，类似于继电器接触系统中的中间继电器，只起中间状态的暂存作用，它们并不直接驱动外部负载，这是与输出继电器的主要区别。

它有 4 种寻址方式，即可以按位、字节、字或双字来存取位存储器区中的数据。

本区的表示格式如下：

位：M[字节号].[位号]。如：M0.0、M1.7。

字节、字或双字：M[数据长度][起始字节号]。如：MB0、MW4、MD20。

(4) 顺序控制继电器存储区(S 区)。顺序控制继电器用"S"表示，又称状态元件，用以实现顺序控制和步进控制。S 是使用顺序控制指令的重要元件。

它有 4 种寻址方式，即可以按位、字节、字或双字来存取数据。

本区的表示格式如下：

位：S[字节号].[位号]。如：S0.0、S1.5。

字节、字或双字：S[数据长度][起始字节号]。如：SB1、SW2、SD4。

(5) 特殊位存储器区(SM 区)。特殊位存储器提供了 PLC 与用户之间传递信息的方法，利用它可以选择和控制 S7-200 系列 PLC 的一些特殊功能。不同型号的 PLC 所具有的特殊存储器的字节数不同，CPU 221 具有 180 个字节，CPU 222 具有 300 个字节，CPU 224 和 CPU 226 具有 550 个字节。

它有 4 种寻址方式，即可以按位、字节、字或双字来存取变量存储器区中的数据。

本区的表示格式如下：

位：SM[字节号].[位号]。如：SM0.0、SM0.4。

字节、字或双字：SM[数据长度][起始字节号]。如：SMB28、SMW70、SMD168。

(6) 变量存储器区(V 区)。变量存储器区用于存储程序执行过程中逻辑运算的中间结果，也可以使用变量存储器保存与工作过程相关的数据。

它有 4 种寻址方式，即可以按位、字节、字或双字来存取变量存储器区中的数据。

本区的表示格式如下：

位：V[字节号].[位号]。如：V0.0、V10.2。

字节、字或双字：V[数据长度][起始字节号]。如：VB10、VW20、VD8。

(7) 局部变量存储器区(L 区)。S7-200 系列 PLC 有 64 个字节的局部变量存储器区，用"L"表示。其中，前 60 个字节(LB0～LB59)用作暂时存储区或用于给子程序传递参数，后 4 个字节(LB60～LB63)保留。局部变量存储器与变量存储器很相似，主要区别是变量存储器是全局有效的，而局部变量存储器是局部有效的。

它有 4 种寻址方式，即可以按位、字节、字或双字来存取局部存储器区中的数据。

本区的表示格式如下：

位：L[字节号].[位号]。如：L0.0、L1.2。

字节、字或双字：L[数据长度][起始字节号]。如：LB0、LW4、LD20。

(8) 定时器区(T 区)。在 S7-200 系列 PLC 中，定时器相当于时间继电器，用于累计时间增量，编号范围为 T0～T255，共 256 个，是按十进制编号的。

(9) 计数器区(C 区)。在 S7-200 系列 PLC 中，计数器用于累计上升沿脉冲数。它有增计数器、减计数器和增/减计数器 3 种类型，编号范围为 C0～C255，共 256 个，是按十进制编号的。

（10）累加器区（AC 区）。累加器是用来暂存数据的寄存器，可以同子程序之间传递参数，存储计算结果的中间值。S7-200 系列 PLC 提供了 4 个 32 位的累加器 AC0～AC3。程序中，可以根据指令的数据类型按字节、字或双字来存取累加器中的数据。

（11）高速计数器区（HC 区）。高速计数器用于累计比 CPU 扫描速度更快的事件，其使用 PLC 的专用端子接收这些高速信号。高速计数器的当前值是一个双字长（32 位）的整数值。

S7-200 系列 PLC 共有 6 个高速计数器：HC0～HC5。

（12）模拟量输入映像区（AI 区）。S7-200 系列 PLC 将模拟量值（如温度、压力）转换成 1 个字长（16 位）的数字量，实现 A/D 转换。因为模拟输入量为 1 个字长，所以一般用偶数字节地址来存取这些值，如 AIW0、AIW2、AIW4⋯。CPU 221 和 CPU 222 中，总共允许 16 路模拟量输入；CPU 224 和 CPU 226 中，总共允许 32 路模拟量输入。模拟量输入值为只读数据。

（13）模拟量输出映像区（AQ 区）。S7-200 系列 PLC 将 1 个字长（16 位）的数字值按比例转换为电流或电压，实现 D/A 转换。因为模拟量为 1 个字长，所以一般用偶数字节地址来存取这些值，如 AQW0、AQW2、AQW4⋯。CPU 221 和 CPU 222 中，总共允许 16 路模拟量输出；CPU 224 和 CPU 226 中，总共允许 32 路模拟量输出。模拟量输出值为只写数据。

六、常用编程语言

PLC 的控制功能是通过执行程序来实现的，因此，用户要根据实际系统的需要编写出相应的程序。由于各厂家生产的 PLC 其硬件结构不尽相同，所以程序表达方式也有差异。常用的编程语言有以下几种。

1. 梯形图（LAD）

梯形图是一种图形语言，直观、易学，是目前使用最广泛的编程语言，如图 1-1-8（a）所示。

对于 S7-200 系列的 PLC，梯形图由触点、线圈和指令盒等组成，它们组成的每一个独立电路块称为一个"网络"。同一程序中，同一元件的触点可以使用无限次。其中，触点代表逻辑"输入"条件，如外部的开关、按钮和内部条件等；线圈通常代表逻辑"输出"结果，用来控制外部的交流接触器、指示灯、中间继电器等负载工作；指令盒用来表示定时器、计数器、传送和移位等功能指令。

输入继电器是没有线圈的，只有触点，它用于接收外部输入信号，因而不能由程序来驱动。梯形图中，当某输入继电器的外接电路接通时，其对应的状态为"1"，其常开触点闭合，常闭触点断开；当它的外接电路断开时，其对应的状态为"0"，其常开触点断开，常闭触点闭合。

梯形图中，当某元件的线圈通电时，其对应的状态为"1"，其常开触点闭合，常闭触点

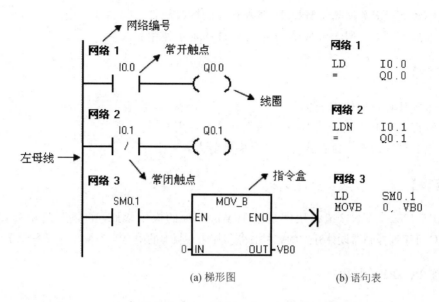

图 1-1-8　梯形图和语句表

断开；当该元件的线圈断电时，其对应的状态为"0"，其常开触点断开，常闭触点闭合。

2. 语句表(STL)

语句表也叫指令表，它是一种用指令助记符来编制 PLC 程序的语言，类似于计算机的汇编语言。若干条指令组成的程序就是指令表，如图 1-1-8(b)所示。

语句表中的逻辑关系很难一眼看穿，所以设计时一般使用梯形图语言。

3. 顺序功能图(SFC)

顺序功能图又称流程图，它是用来描述顺序控制系统的控制过程和功能的一种图形语言。在项目三将会对 SFC 的三种基本结构以及顺序控制指令等进行详细讲解。

4. 功能块图(FBD)

功能块图是一种类似于数字逻辑门电路的编程语言。该语言用类似与门、或门的方框来表示逻辑运算关系，有数电基础的人很容易掌握。

学习任务 2　编程软件的使用

【任务描述】

通过编程软件用户可以将程序写入到 PLC 的存储器中，本学习任务主要介绍 PLC 编程软件的安装及使用。

【任务要求】

(1) 了解 STEP 7-Micro/WIN32 编程软件的安装。

（2）了解 STEP 7-Micro/WIN32 编程软件的窗口组件。

（3）掌握 STEP 7-Micro/WIN32 编程软件的基本使用。

【能力目标】

（1）了解计算机的软件安装。

（2）掌握 STEP 7-Micro/WIN32 编程软件的使用。

（3）培养创新改造、独立分析和综合决策能力。

【知识链接】

STEP 7-Micro/WIN32 编程软件是基于 Windows 的应用软件，它是西门子公司专门为 S7-200 系列可编程控制器设计开发的。本书将以其 4.0 版本的中文版为编程环境进行介绍。

一、连接 PC/PPI 电缆

计算机与 S7-200 系列 PLC 的连接如图 1-2-1 所示，具体连接方法如下：

（1）将 PC/PPI 电缆的 PC 端连接到计算机的 RS-232 通信口（一般是串口 COM1）。

（2）将 PC/PPI 电缆的 PPI 端连接到 PLC 的 RS-485 通信口。

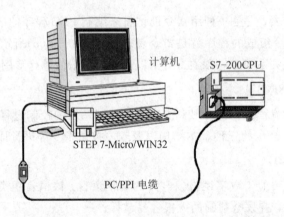

图 1-2-1　PC/PPI 电缆连接计算机与 PLC

二、软件安装

1. 系统要求

STEP 7-Micro/WIN32 软件安装包是基于 Windows 的应用软件，4.0 版本的软件安装与运行需要 Windows2000/SP3、WindowsXP 或更高版本的操作系统。

2. 软件安装

STEP 7-Micro/WIN32 软件的安装方法很简单，将光盘插入光盘驱动器，系统就会自动进入安装向导（或在光盘目录里双击 Setup，则进入安装向导），按照安装向导完成软件的安装。软件程序安装路径可使用默认子目录，也可以单击"浏览"按钮，在弹出的对话框中任意选择或新建一个子目录。

首次运行 STEP 7-Micro/WIN32 软件时，系统默认语言为英语。如果将英语改为中文，具体操作如下：运行 STEP 7-Micro/WIN32 编程软件，在主界面单击 Tools→Options→General选项，然后在弹出的对话框中选择 Chinese，即可将英文改为中文。

三、STEP 7-Micro/WIN32 软件的窗口组件

1. 基本功能

STEP 7-Micro/WIN32 的基本功能是协助用户完成应用程序的开发，同时它具有设置 PLC 参数、加密和运行监视等功能。

编程软件在联机工作方式（PLC 与计算机相连）下，可以实现用户程序的输入、编辑、编译、上载、下载、通信测试及实时监视等功能。在离线条件下，也可以实现用户程序的输入、编辑、编译、导入、导出等功能。

2. 主界面

启动 STEP 7-Micro/WIN32 编程软件，其主要界面外观如图 1-2-2 所示。

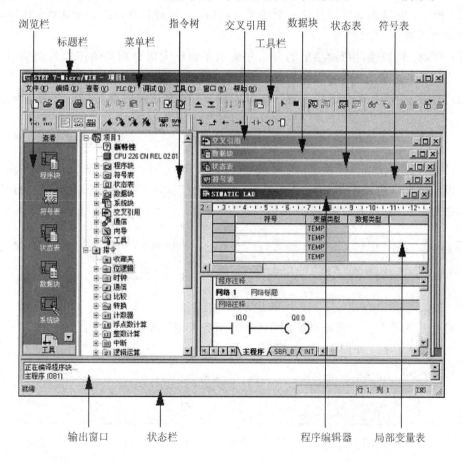

图 1-2-2　STEP 7-Micro/WIN32 编程软件的主界面

主界面一般可分为以下 6 个区域：菜单栏（包含 8 个主菜单项）、工具栏（快捷按钮）、浏览栏（快捷操作窗口）、指令树（快捷操作窗口）、输出窗口和用户窗口（可同时或分别打开图中的 5 个用户窗口），其中 5 个用户窗口分别为交叉引用、数据块、状态表、符号表和程序编辑器。除菜单栏外，用户可根据需要决定其他窗口的取舍和样式的设置。

3. 菜单栏

菜单栏包括 8 个主菜单选项，各主菜单的功能如下：

（1）文件：文件菜单可以实现对文件的操作。

（2）编辑：编辑菜单提供程序的编辑工具。

（3）查看：查看菜单可以设置软件开发环境的风格。

（4）PLC：PLC 菜单可建立与 PLC 联机时的相关操作，也可提供离线编译的功能。

（5）调试：调试菜单用于联机时的动态调试。

（6）工具：工具菜单提供复杂指令向导，使复杂指令编程时的工作简化，同时提供文本显示器 TD200 设置向导。另外，工具菜单的定制子菜单可以更改 STEP 7-Micro/WIN32 工具条的外观或内容，还可以在工具菜单中增加常用工具。工具菜单的选项可以设置三种编辑器的风格，如字体、指令盒的大小等样式。

（7）窗口：窗口菜单可以打开一个或多个窗口，并可进行窗口之间的切换；还可以设置窗口的排放形式。

（8）帮助：可以通过帮助菜单的目录和索引了解绝大部分相关的使用帮助信息。在编程过程中，如果对某条指令或某个功能的使用有疑问，则可以使用在线帮助功能。在软件操作过程中的任何步骤或任何位置，都可以按 F1 键来显示在线帮助，大大方便了用户的使用。

4. 工具栏

工具栏提供简便的鼠标操作，它将最常用的 STEP 7-Micro/WIN32 编程软件操作以按钮形式设定到工具栏。可执行菜单"查看"→"工具栏"选项，实现显示或隐藏标准、调试、公用和指令工具栏。工具栏选项如图 1-2-3 所示。

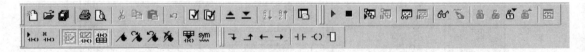

图 1-2-3　工具栏

工具栏可划分为 4 个区域，下面按区域介绍各按钮选项的操作功能。

（1）标准工具栏：如图 1-2-4 所示。

图 1-2-4　标准工具栏

（2）调试工具栏：如图 1-2-5 所示。

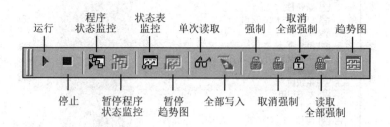

图 1-2-5　调试工具栏

（3）公用工具栏：如图 1-2-6 所示。

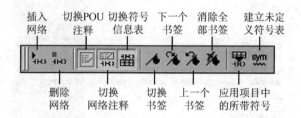

图 1-2-6　公用工具栏

（4）指令工具栏：如图 1-2-7 所示。

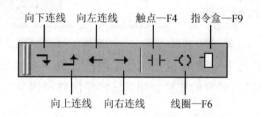

图 1-2-7　指令工具栏

5．指令树

指令树以树形结构提供项目对象和当前编辑器的所有指令。双击或拖放指令树中的指令，能自动在显示区光标位置插入所选的指令。指令树可用执行菜单"查看"→"框架"→"指令树"选项来选择是否打开。指令树各选项如图 1-2-8 所示。

6．浏览栏

浏览栏各选项如图 1-2-9 所示，浏览栏可划分为以下 8 个窗口组件。

（1）程序块。程序块用于完成程序的编辑以及相关注释。程序包括主程序（OBI）、子程序（SBR）和中断程序（INT）。单击浏览栏的"程序块"按钮，进入程序块编辑窗口。程序块编辑窗口如图 1-2-10 所示。

图 1-2-8　指令树及选项　　　　图 1-2-9　浏览栏及选项

　　梯形图编辑器中的"网络 n"是标题栏,可在网络标题文本框键入标题,还可在程序注释和网络注释文本框中键入必要的注释说明,使程序清晰易读。

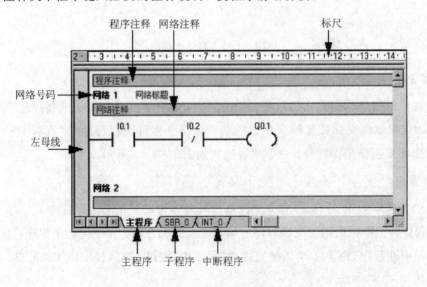

图 1-2-10　程序块编辑窗口

（2）符号表。符号表是允许用户使用符号编址的一种工具。实际编程时，为了增加程序的可读性，可用带有实际含义的符号作为编程元件代号，而不是直接使用元件在主机中的直接地址。单击浏览栏的"符号表"按钮，进入符号表编辑窗口。符号表编辑窗口如图 1-2-11 所示。

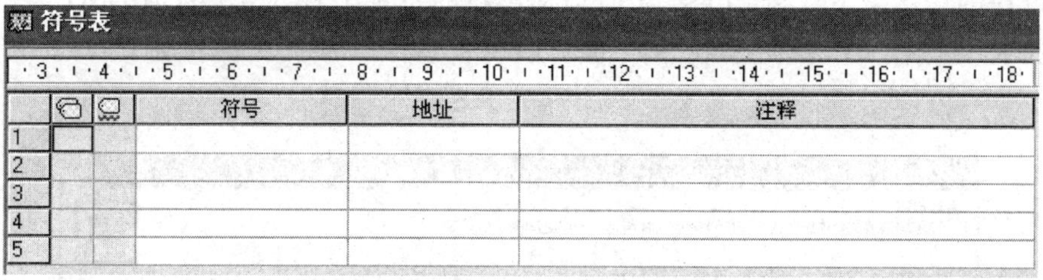

			符号	地址	注释
1					
2					
3					
4					
5					

图 1-2-11　符号表编辑窗口

（3）状态表。状态表用于联机调试时监控各变量的值和状态。在 PLC 运行方式下，可以打开状态表窗口，在程序扫描执行时，能够连续、自动地更新状态表的数值和状态。单击浏览栏的"状态表"按钮，进入状态表编辑窗口。状态表编辑窗口如图 1-2-12 所示。

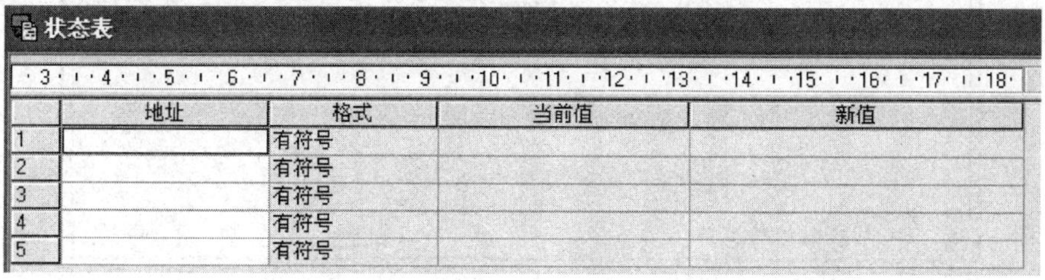

	地址	格式	当前值	新值
1		有符号		
2		有符号		
3		有符号		
4		有符号		
5		有符号		

图 1-2-12　状态表编辑窗口

（4）数据块。数据块用于设置和修改变量存储区内各种类型存储区的一个或多个变量值，并加注必要的注释说明，下载后可以使用状态表监控存储区的数据。访问数据块的方法有：

① 单击浏览条的"数据块"按钮；

② 执行菜单"查看"→"组件"→"数据块"；

③ 首先双击指令树的"数据块"，然后双击用户定义 1 图标。

数据块编辑窗口如图 1-2-13 所示。

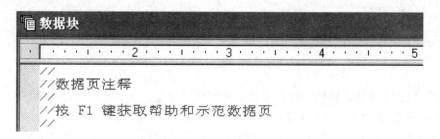

图 1-2-13　数据块编辑窗口

（5）系统块。系统块可配置 CPU 的参数，使用下列三种方法能够查看和编辑系统块：
① 单击浏览栏的"系统块"按钮；② 执行菜单"查看"→" 组件"→"系统块"；③ 首先双击指令树中的"系统块"文件夹，然后双击打开需要的配置页。

系统块的信息需下载到 PLC，为 PLC 提供新的系统配置。当项目的 CPU 类型和版本能够支持特定选项时，这些系统块配置选项将被启用。系统块编辑窗口如图 1-2-14 所示。

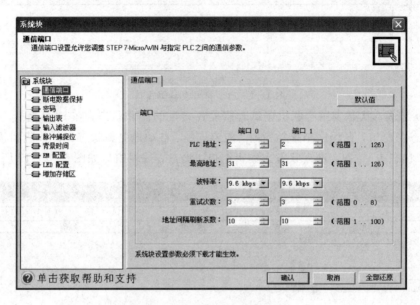

图 1-2-14　系统块编辑窗口

（6）交叉引用。交叉引用提供用户程序所用的 PLC 信息资源，包括三个方面的引用信息，即交叉引用信息、字节使用情况信息和位使用情况信息，使编程所用的 PLC 资源一目了然。交叉引用及用法信息不会下载到 PLC。单击浏览栏"交叉引用"按钮，进入交叉引用编辑窗口。交叉引用编辑窗口如图 1-2-15 所示。

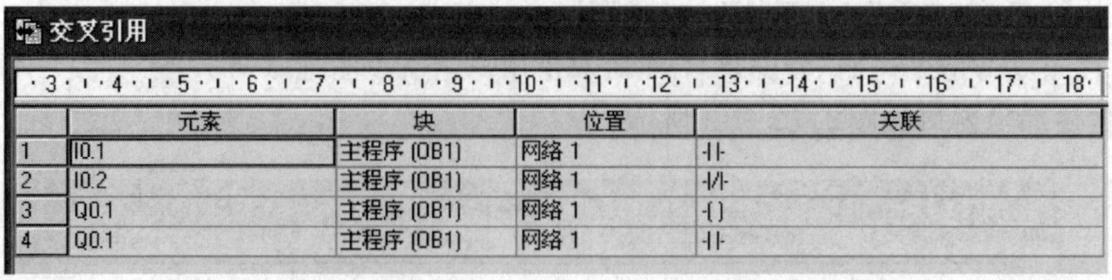

	元素	块	位置	关联
1	I0.1	主程序 (OB1)	网络 1	-||-
2	I0.2	主程序 (OB1)	网络 1	-|/|-
3	Q0.1	主程序 (OB1)	网络 1	-( )-
4	Q0.1	主程序 (OB1)	网络 1	-||-

图 1-2-15　交叉引用编辑窗口

（7）通信。单击浏览栏的"通信"按钮，进入通信设置窗口。通信设置窗口如图 1-2-16 所示。波特率测量在某一特定时间内传送的数据量，通常以千波特（kbaud）、兆波特（Mbaud）为单位。S7-200 CPU 的默认波特率为 9.6 千波特，默认网络地址为 2。

如果需要为 STEP 7-Micro/WIN 配置波特率和网络地址，则在设置参数后，必须双击 图标，刷新通信设置，这时可以看到 CPU 的型号和网络地址 2，说明通信正常。

图 1 - 2 - 16　通信设置窗口

　　（8）设置 PG/PC 接口。单击浏览栏的"设置 PG/PC 接口"按钮，进入设置 PG/PC 接口参数窗口，如图 1 - 2 - 17 所示。单击"Properties（属性）"按钮，可以进行地址及通信速率的配置。

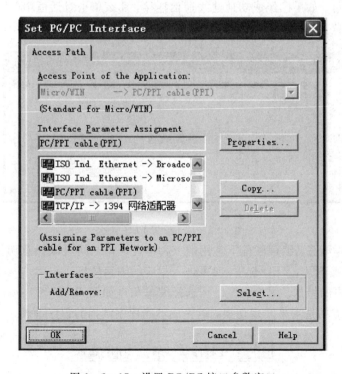

图 1 - 2 - 17　设置 PG/PC 接口参数窗口

四、编程软件的使用

STEP 7-Micro/WIN4.0 编程软件具有编程和程序调试等多种功能，下面通过一个简单的程序示例，介绍编程软件的基本使用。

1. 编程的准备

（1）建立、打开和保存项目。

在进行控制程序编程之前，首先应创建一个项目。单击菜单"文件"→" 新建"选项或单击工具栏的 新建按钮，可以生成一个新的项目。新建的项目包含程序块、符号表、状态表、数据块、系统块、交叉引用、通信和设置 PG/PC 接口等 8 个相关的块。其中，程序块默认有一个主程序 OB1、一个子程序 SBR_0 和一个中断程序 INT_0。

单击菜单"文件"→" 打开"选项或单击工具栏的 打开按钮，可以打开已有的项目。

单击菜单栏中"文件" →"保存"，指定文件名和保存路径，点击"保存"按钮，文件以扩展名为 . mwp 的文件格式保存。

（2）设置与读取 PLC 的型号。

设置与读取 PLC 的型号有以下两种方法：

方法一：单击菜单"PLC"→"类型"选项，在弹出的对话框中，可以选择 PLC 型号和 CPU 版本，如图 1－2－18 所示。

方法二：双击指令树的"项目 1"，然后双击 PLC 型号和 CPU 版本选项，在弹出的对话框中进行设置即可。如果已经成功地建立通信连接，那么单击对话框中的"读取 PLC"按钮，便可以通过通信读出 PLC 的信号与硬件版本号。

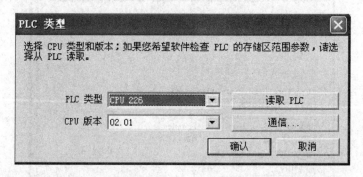

图 1－2－18　设置 PLC 型号

（3）选择编程语言。编程软件下常用的三种编程语言之间可以任意切换，单击菜单"查看"→"梯形图"（或 STL、FBD 选项）便可进入相应的编程环境。

（4）确定程序的结构。用户程序结构选择编辑窗口如图 1－2－19 所示。编程时，可以单击编辑窗口下方的选项来实现切换，以完成不同程序结构的程序编辑。

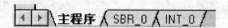

图 1－2－19　用户程序结构选择编辑窗口

2. 编写用户程序

1) 梯形图的编辑

在梯形图窗口中，程序被划分成若干个网络，且一个网络中只能有一个独立的电路块。

(1) 打开 STEP 7-Micro/WIN4.0 编程软件，进入主界面。

(2) 单击浏览栏的"程序块"按钮，然后单击菜单"查看"→"梯形图"，进入梯形图编辑窗口。

(3) 在编辑窗口中，把光标定位到网络中将要编程的地方。

(4) 在梯形图中输入程序指令。在梯形图中输入程序指令有三种方法：双击或拖放指令图标；单击"指令工具栏"中的触点、线圈或指令盒；用快捷方式（触点类的快捷键为 F4，线圈类的快捷键为 F6，指令盒的快捷键为 F9）。

输入常开触点有以下三种办法：

① 在工具栏中单击常开触点按钮，选取触点，如图 1-2-20 所示。在弹出的位逻辑指令中单击 ┤├ 图标选项。

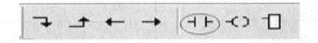

图 1-2-20　选取触点

② 选中网络 1，按下"F4"，出现下拉窗口如图 1-2-21 所示，选择常开触点，按下"Enter"键，输入的常开触点符号会自动写入光标所在位置。

③ 选中网络 1，在指令树中双击"位逻辑"选项，然后双击或拖放常开触点图标到光标处，在网络中出现常开触点符号，如图 1-2-22 所示。

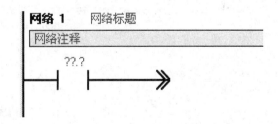

图 1-2-21　选择常开触点　　　　　　　　图 1-2-22　输入常开触点

(5) 在"??.?"中输入操作数 I0.1，如图 1-2-23 所示，然后光标自动移到下一列。

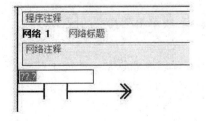
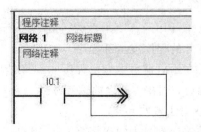

图 1-2-23　输入操作数 I0.1

（6）用同样的方法输入 ┤/├ 和 ┤┤，并分别输入 I0.2 和 Q0.1，如图 1 - 2 - 24 所示。

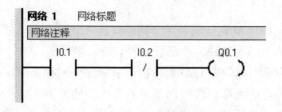

图 1 - 2 - 24　I0.2 和 Q0.1 编辑结果

（7）将光标定位到 I0.1 下方，按照 I0.1 的输入办法输入 Q0.1，如图 1 - 2 - 25 所示。

（8）将光标移到 Q0.1 处，单击指令工具栏中的向上连线按钮 ↑（或者按"Ctrl + ↑"），将 Q0.1 和 I0.1 并联连接，如图 1 - 2 - 26 所示。

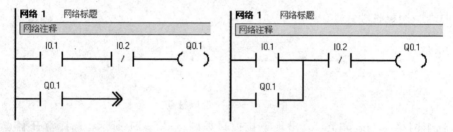

图 1 - 2 - 25　Q0.1 编辑结果　　　　图 1 - 2 - 26　Q0.0 和 I0.0 并联连接

经过上述操作过程，编程软件使用示例的梯形图就编辑完成了。

2）语句表的编辑

单击菜单栏中的"查看"→"STL"，则梯形图自动转为语句表，如图 1 - 2 - 27 所示。

网络 1	网络标题
网络注释	
LD	I0.1
O	Q0.1
AN	I0.2
=	Q0.1

图 1 - 2 - 27　语句表的编辑

3．程序的状态监控与调试

1）编译程序

单击菜单"PLC"→"编译"或"全部编译"选项，或单击工具栏的 ☑ 或 ☑ 按钮，可以分别编译当前打开的程序或全部程序。

编译后在输出窗口中显示程序的编译结果，编译无错误后，才能下载程序。若没有对程序进行编译，则在下载之前编程软件会自动对程序进行编译。

2）下载与上载程序

下载是将计算机中的程序写入到 PLC 中。计算机与 PLC 建立的通信连接正常，并且用户程序编译无错误后，才可以将程序下载到 PLC 中。

下载操作为：单击菜单"文件"→"下载"选项，或单击工具栏的⬇️按钮。

上载是将 PLC 中未加密的程序向上传送到计算机中。

上载操作为：单击菜单"文件"→"上载"选项，或单击工具栏的⬆️按钮。

3）PLC 的工作方式

可以单击菜单"PLC"→"运行"或"停止"选项来选择工作方式，也可以操作 PLC 的模式选择开关来选择工作方式。PLC 只有在"运行"方式下才可以启动程序的状态监控。

4）程序的调试与运行

程序的调试及运行监控是程序开发的重要环节。程序编写完，经过调试运行甚至现场运行后才能发现程序中不合理的地方，从而进行修改。STEP 7-Micro/WIN4.0 编程软件提供了一系列工具，可使用户直接在软件环境下调试并监视用户程序的执行。

（1）程序的运行。单击工具栏的▶按钮，或单击菜单 PLC→"运行"选项，在对话框中确定进入运行模式，这时黄色 STOP(停止)状态指示灯灭，绿色 RUN(运行)灯点亮。

（2）程序的调试。在程序调试中，经常采用程序状态监控、状态表监控和趋势图监控三种方式反映程序的运行状态。下面结合示例介绍基本的使用情况。

① 程序状态监控。单击工具栏中的🔲按钮，或单击菜单"调试"→"开始程序状态监控"选项，进入程序状态监控。未接通的触点和未通电线圈以灰白色显示，并且出现"OFF"字符；接通的触点和通电的线圈以深色显示，并且出现"ON"字符。

启动程序运行状态监控后，当 I0.1 触点断开时，编程软件使用示例的程序状态如图 1-2-28 所示；当 I0.1 触点接通后，编程软件使用示例的程序状态如图 1-2-29 所示。

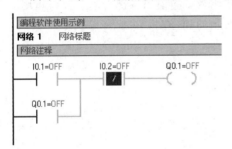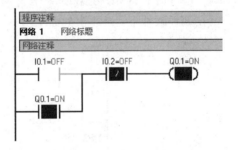

图 1-2-28　I0.1 触点断开时的监控画面　　　图 1-2-29　I0.1 触点接通后的监控画面

② 状态表监控。可以使用状态表来监控用户程序，还可以采用强制表操作修改用户程序的变量。编程软件使用示例的状态表监控如图 1-2-30 所示，在"当前值"栏目中显示了各元件的状态和数值大小。

	地址	格式	当前值	新值
1	I0.1	位	2#0	
2	I0.2	位	2#0	
3	Q0.1	位	2#1	
4		有符号		

图 1-2-30　状态表监控

可以选择下面三种方法之一来进行状态表监控：

方法一：单击菜单"查看"→"组件"→"状态表"。

方法二：单击浏览栏的"状态表"按钮。

方法三：单击装订线，选择程序段，右击，在弹出的快捷菜单中单击"创建状态图"命令，能快速生成一个包含所选程序段内各元件的新表格。

③ 趋势图监控。趋势图监控是指采用编程元件的状态和数值大小随时间变化的关系图形来进行监控。可单击工具栏的 🔛 按钮，将状态表监控切换为趋势图监控。

实训：编程软件的使用

实训步骤如下：

（1）分组领取实施本次任务所需要的工具及材料，同时清点工具、器材与耗材，检查各元件质量，并填写如表 1-2-1 所示的借用材料清单。

表 1-2-1 　　　　　　　工作岛借用材料清单

序号	名称	规格型号	单位	申领数量	实发数量	归还时间	归还人签名	管理员签名	备注

（2）完成 STEP 7-Micro/WIN32 软件的安装。

（3）了解 STEP 7-Micro/WIN32 软件的窗口组件，能说出各部分的名称与作用。

（4）在编程软件下，绘制出如图 1-2-31 所示的梯形图，并观察指令表。

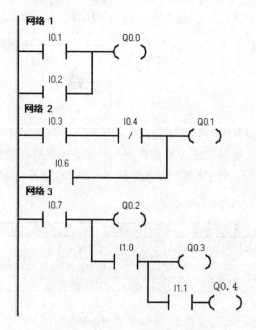

图 1-2-31　程序应用举例

完成后，仔细检查，客观评价，及时反馈。

【任务评价】

（1）展示：各小组派代表展示任务实施效果，并分享任务实施经验。

（2）评价：见表1－2－2。

表1－2－2　**STEP 7-Micro/WIN32 编程软件使用任务评价**

班　级：_____	指导教师：_____
小　组：_____	
姓　名：_____	日　期：_____

评价项目	评价标准	评价依据	评价方式			权重	得分小计
			学生自评（20%）	小组互评（30%）	教师评价（50%）		
职业素养	1. 遵守企业规章制度、劳动纪律； 2. 按时按质完成工作任务； 3. 积极主动承担工作任务，勤学好问； 4. 人身安全与设备安全； 5. 工作岗位6S完成情况	1. 出勤； 2. 工作态度； 3. 劳动纪律； 4. 团队协作精神				0.3	
专业能力	1. 掌握 STEP 7-Micro/WIN32 编程软件的安装； 2. 熟悉 STEP 7-Micro/WIN32 编程软件的窗口组件； 3. 掌握 STEP 7-Micro/WIN32 编程软件的使用	1. 操作的准确性和规范性； 2. 工作页或项目技术总结完成情况； 3. 专业技能任务完成情况				0.5	
创新能力	1. 在任务完成过程中能提出有一定见解的方案； 2. 在教学或生产管理上提出建议，具有创新性	1. 方案的可行性及意义； 2. 建议的可行性				0.2	
合计							

项 目 小 结

（1）PLC 是专为工业环境应用而设计制造的计算机，在实际应用中，其硬件要根据实际需求来配置，其软件要根据控制要求来设计。

（2）PLC 的基本单元主要由中央处理器（CPU）、存储器、输入/输出接口和电源等几部分组成。软件系统包括系统程序和用户程序。

（3）PLC 采用周期性循环扫描的串行工作方式，每个扫描周期包括 5 个阶段：读输入、执行程序、处理通信请求、执行 CPU 自诊断和写输出。工作模式有运行（RUN）模式、停止（STOP）模式和终端（TERM）模式。

（4）本项目是以 S7-200 系列 PLC 为对象，介绍其结构、主要技术指标及外部端子。本书中的例题主要以 CPU 224 来介绍 S7-200 系列 PLC 的使用。

（5）本项目简单介绍了 S7-200 系列 PLC 的常数表达格式，可以是二进制、十进制、十六进制或浮点数等。

（6）本项目介绍了常用的编程元件的功能，以及 13 个编程元件按位、字节、字、双字四种格式来寻址。

（7）本项目简单介绍了 PLC 常用的编程语言。

（8）本项目介绍了 S7-200 系列 PLC 的编程软件的使用方法。

习　题　1

一、简答题

1-1　简述 PLC 的定义。

1-2　简述 PLC 的基本组成。

1-3　按钮和交流接触器分别与 PLC 的什么端口连接？

1-4　输出接口有几种形式？分别有什么特点？

1-5　简述 PLC 的工作过程。

1-6　简述位、字节、字、双字之间的关系。

1-7　简述 S7-200 系列 PLC 的常用编程元件。

二、填空题

1-8　I/O 总点数是指＿＿＿＿＿和＿＿＿＿＿的总数量。

1-9　PLC 中输入接口电路按外信号电源分为＿＿＿＿＿和＿＿＿＿＿两种类型。

1-10　输入端接对应的外部电路断开时，对应的输入映像寄存器为＿＿状态，梯形图中对应的常开触点＿＿＿＿，常闭触头＿＿＿＿。

1-11　输入端接对应的外部电路接通时，对应的输入映像寄存器为＿＿状态，梯形图中对应的常开触点＿＿＿＿，常闭触头＿＿＿＿。

1-12　若梯形图中输出继电器 Q 的线圈"断电"，对应的输出映像寄存器状态为＿＿＿＿

_____，在输出刷新后，对应的交流接触器的线圈_____，其常开触点_____，常闭触点_____。

1-13　若梯形图中输出继电器 Q 的线圈"通电"，对应的输出映像寄存器状态为_____，在输出刷新后，对应的交流接触器的线圈_____，其常开触点_____，常闭触点_____。

1-14　将编写好的程序写入 PLC 时，PLC 必须处在_____模式。

1-15　S7-200 系列 PLC 每种型号的 CPU 都有_____和_____两类。

1-16　梯形图中，⊣⊢表示_____，⊣/⊢表示_____。

1-17　同一元件的线圈使用了两次或两次以上，称为_____，这是不允许出现的。

1-18　在 S7-200 PLC 中，9721BCD 码对应的二进制数为_____，二进制数 1011101 对应的十进制数为_____。

1-19　ID0 的最高 8 位是_____，最低 8 位是_____。

1-20　AIW0 是 S7-200 PLC 的_____寄存器，其长度是____位。

1-21　在 S7-200 PLC 的 STEP 7 编程软件下常用的三种基本编程语言有_____、_____和功能块图。

1-22　S7-200 系列 PLC 的通信协议是_____，接口类型是____。

1-23　S7-200 型 PLC 编译程序时，输出窗口如显示错误信息为 0 ERR，则表示有____个错误发生。

1-24　在编程软件下，新建一个项目生成的程序组织块里有 1 个主程序、1 个_____、1 个_____。

项目二　常用基本指令的应用

学习任务1　简单信号灯的 PLC 控制

【任务描述】

在日常生活中，我们经常看到各种各样的信号灯，有些用于照明，有些用于装饰场地，有些用于警示提醒，如路灯、机床的照明灯、舞台彩灯、汽车转向灯、十字路口的信号灯，等等。

本任务主要学习用 PLC 来实现信号灯的简单控制。

【任务要求】

（1）学习 I/O 地址分配表的设置。

（2）学习 LD/LDN 指令、A/AN 指令、O/ON、＝、ALD/OLD 指令的格式及应用。

（3）学习常用基本电路的工作原理。

（4）以小组为单位，在小组内通过分析、对比、讨论决策出最优的实施步骤方案，由小组长进行任务分工，完成工作任务。

【能力目标】

（1）根据控制要求，掌握 I/O 地址分配表的设置。

（2）掌握绘制 PLC 硬件接线图的方法并能正确接线。

（3）掌握编程元件 I、Q、M 和 SM 的应用。

（4）培养创新改造、独立分析和综合决策能力。

（5）培养团队协助、与人沟通和正确评价能力。

【知识链接】

一、信号灯的点动控制

1. 示例

控制要求：闭合开关 S，照明指示灯 HL1 亮；断开开关 S，照明指示灯 HL1 灭。

分析：输入继电器 I 用于接收 PLC 外部输入信号，I 的状态只受外部输入信号控制；输出继电器 Q 供 PLC 将程序执行结果传递给负载，以驱动负载，Q 的状态只由程序控制。

在控制电路中，各种开关、按钮、热继电器触头等属于控制条件的，应作为 PLC 的输入量分配接线端子；各种指示灯、交流接触器、电磁阀等负载属于被控对象，应作为 PLC 的输出量分配接线端子。因此，开关 S 接输入继电器 I0.0，照明指示灯 HL1 接输出继电器 Q0.1。

【解】(1) I/O 地址分配情况如表 2-1-1 所示。

表 2-1-1 点动控制 I/O 地址分配

输 入 端 口			输 出 端 口	
输入继电器	输入元件	作用	输出继电器	输出元件
I0.0	开关 S	点动	Q0.1	HL1

(2) PLC 外围接线，如图 2-1-1 所示。

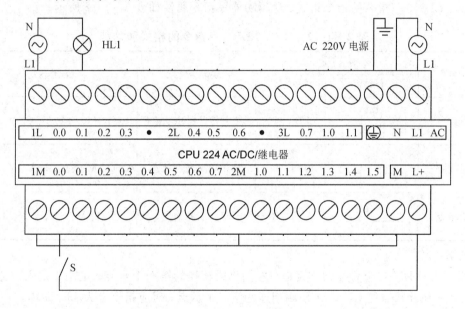

图 2-1-1 点动控制 PLC 外围接线

以 CPU 224 为例，CPU 模块型号为 AC/DC/继电器，使用电源 AC 220 V。输入端电源采用本机输出的 DC 24 V 电源。该电路中 HL1 为交流负载。

输入端接线：开关 S 的两个端子分别接输入继电器 I0.0 和 DC 24 V 电源的正极 (L+)，DC 24 V 电源的负极(M)接输入公共端(1M)。

输出端接线：指示灯 HL1 两个端子分别接输出继电器 Q0.1 和 AC 220 V 电源的零线 (N 端)，AC 220 V 电源的火线(L1 端)接输出公共端子(1L)。

接线注意事项：

① 认真核对 PLC 的电源规格。不同类型的 PLC 所用电源可能不相同，且电源应接在专用端子上，否则会烧坏 PLC。

② 在平时实训中，PLC 和负载可共用 220 V 电源，但在实际生产中，为了抑制电源干扰，常用隔离变压器为 PLC 单独供电。

(3) 梯形图程序及对应的指令表如图 2-1-2 所示。

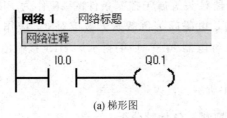

(a) 梯形图　　　　　　　　　　　(b) 指令表

图 2-1-2　点动控制程序

程序中，输入继电器 I0.0 常开触点接通，输出继电器 Q0.1 的线圈通电；I0.0 常开触点断开，Q0.1 的线圈断电。这就是我们常说的点动控制。

2. LD、LDN、＝指令及应用

LD、LDN、＝指令的指令格式、逻辑功能等指令属性如表 2-1-2 所示。

表 2-1-2　LD、LDN、＝指令的格式和功能

指令名称	格　式		逻辑功能	操　作　数
	LAD	STL		
取指令	┤├ bit	LD　bit	装载常开触点状态	I、Q、M、SM、T、C、V、S、L
取反指令	┤/├ bit	LDN　bit	装载常闭触点状态	I、Q、M、SM、T、C、V、S、L
输出指令	─( ) bit	＝　bit	驱动线圈输出	Q、M、SM、V、S、L

说明：

（1）LD/LDN 对应的触点一般是与左侧母线相连的第一个触点；也用于定义电路块的起始触点；在计数器的 CU/CD/R 端相连的第一个触点，对应指令也为 LD/LDN。

（2）＝是对线圈进行驱动的指令，不可以对 I 进行操作。线圈右侧不能再连任何触点或线圈，因此＝指令不可以串联使用，但是可以并联使用多次。

【例 2-1-1】阅读图 2-1-3 所示的梯形图程序，分析其逻辑关系。

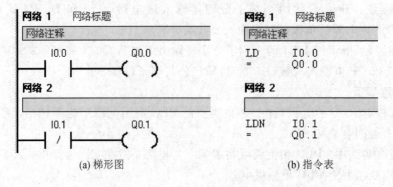

(a) 梯形图　　　　　　　　　　　(b) 指令表

图 2-1-3　输入/输出指令的应用举例

【解】输入/输出指令的应用举例如图 2-1-3 所示。在网络 1 中，常开触点 I0.0 控制线圈 Q0.0 的通/断电；在网络 2 中，常闭触点 I0.1 控制线圈 Q0.1 的通/断电。

二、信号灯启保停控制电路

1. 示例

控制要求：按下 SB1，指示灯 HL1 亮；按下 SB2，指示灯 HL1 灭。

【解】(1) 外部输入信号 SB1、SB2 分别对负载 HL1 发出开始和停止的命令，原则上每一个作用不同的输入信号占用一个输入点，每一个动作不同的负载占用一个输出点，因此，I/O 地址分配情况如表 2-1-3 所示。

表 2-1-3　信号灯启保停控制的 I/O 地址分配

输 入 端 口			输 出 端 口	
输入继电器	输入元件	作用	输出继电器	输出元件
I0.1	SB1	启动	Q0.1	HL1
I0.2	SB2	停止		

(2) PLC 外围接线如图 2-1-4 所示。

以 CPU 224 为例，CPU 模块型号为 AC/DC/继电器，使用电源 AC 220V。输入端采用本机输出的 DC 24 V 电源。该电路中 HL1 为直流负载。注意：点动电路中的指示灯为交流负载。

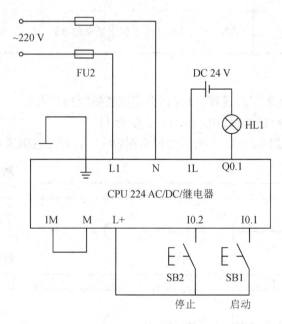

图 2-1-4　启保停 PLC 外围接线

(3) 梯形图程序及对应的指令表如图 2-1-5 所示。

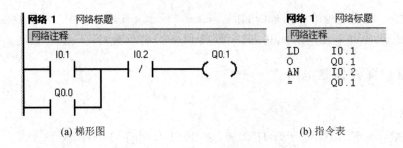

(a) 梯形图　　　　　　　　　　　　　　　　　(b) 指令表

图 2-1-5　起保停控制程序

　　程序中，I0.1 常开触触点接通，Q0.1 的线圈通电，Q0.1 的常开触点闭合，由于 Q0.1 的常开触触点与启动条件 I0.1 的常开触点并联，从而形成自锁，之后 I0.1 的常开触点即使断开，Q0.1 的线圈也保持通电；当 I0.2 的常闭触头断开，Q0.1 线圈断电，Q0.1 的常开触点也断开，Q0.1 的自锁被解除。这就是我们常说的启保停电路。

2. 触点串联指令 A、AN

　　触点串联指令的指令格式、逻辑功能等指令属性如表 2-1-4 所示。

表 2-1-4　触点串联指令的格式和逻辑功能

指令名称	格　式		逻辑功能	操 作 数
	LAD	STL		
与指令	bit ┤├	A　bit	用于单个常开触点的串联	I、Q、M、SM、T、C、V、S、L
与反指令	bit ┤/├	AN　bit	用于单个常闭触点的串联	I、Q、M、SM、T、C、V、S、L

说明：

（1）A 指令完成逻辑"与"运算，AN 指令完成逻辑"与非"运算。

（2）触点串联指令可连续使用，使用的上限为 11 个。

【例 2-1-2】阅读图 2-1-6 所示的梯形图程序，分析其逻辑关系。

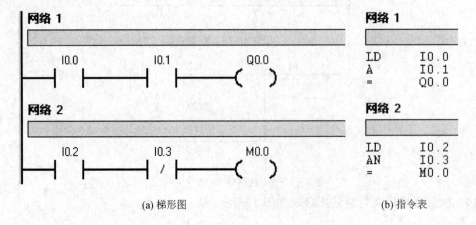

(a) 梯形图　　　　　　　　　　　　　　　　　(b) 指令表

图 2-1-6　触点串联指令的应用举例

【解】图 2-1-6 所示梯形图程序的逻辑关系是：在网络 1 中，I0.0 常开触点和 I0.1 常开触点串联控制输出继电器 Q0.0；在网络 2 中，I0.2 常开触点和 I0.3 常闭触点串联控制输出继电器 Q0.1。

3. 单个触点并联指令 O、ON

单个触点并联指令的指令格式、逻辑功能等指令属性如表 2-1-5 所示。

表 2-1-5 单个触点并联指令的格式和功能

指令名称	格 式		逻辑功能	操 作 数
	LAD	STL		
或指令	bit ┘├	O bit	用于单个常开触点的并联连接	I、Q、M、SM、T、C、V、S、L
或反指令	bit ┘/├	ON bit	用于单个常闭触点的并联连接	I、Q、M、SM、T、C、V、S、L

说明：

(1) O 指令完成逻辑"或"运算，ON 指令完成逻辑"或非"运算。

(2) 触点并联指令可连续使用，并联触点的次数没有限制。

【例 2-1-3】阅读图 2-1-7(a)所示的梯形图程序，分析其逻辑关系。

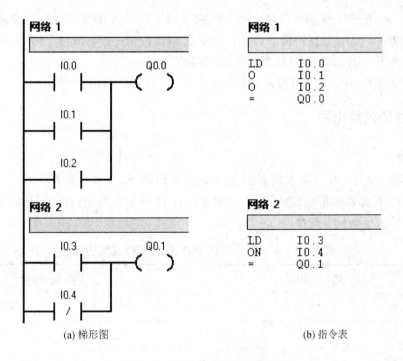

(a) 梯形图   (b) 指令表

图 2-1-7 触点并联指令的应用举例

【解】图 2-1-7(a)所示梯形图程序的逻辑关系是：在网络 1 中，I0.0 常开触点、I0.1 常开触点和 I0.2 常开触点并联控制输出继电器 Q0.0；在网络 2 中，I0.3 常开触点和 I0.4 常闭触点并联控制输出继电器 Q0.1。

【例 2-1-4】编写一个两地控制程序。

控制要求：按下 SB1 或者 SB2，灯 HL1 亮；按下 SB3 或者 SB4，灯 HL1 灭。其中 SB1、SB2、SB3、SB4 为常开按钮，分别接在输入继电器 I0.1、I0.2、I0.3、I0.4 端口，灯 HL1 接输出继电器 Q0.1 端口。

【解】两地控制程序如图 2-1-8 所示。

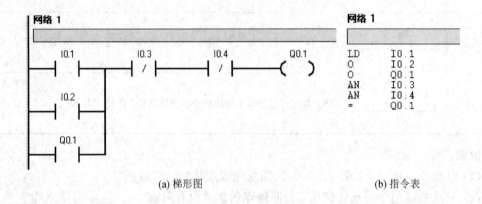

(a) 梯形图　　　　　　　　　(b) 指令表

图 2-1-8　两地控制程序

程序中，按下 SB1 或 SB2 任何一个，则对应 I0.1 或 I0.2 的常开触点将接通，Q0.1 的线圈都能通电并形成自锁保持通电；按下 SB3 或 SB4 任何一个，则对应的 I0.3 或 I0.4 的常闭触点将断开，Q0.1 的线圈都能断电，并解除自锁。

注意：I0.1 和 I0.2 是常开触点并联，I0.3 和 I0.4 是常闭触点串联。

三、信号灯的闪烁电路

1. 示例

控制要求：按下 SB1，指示灯 HL1 闪烁；按下 SB2，HL1 停止闪烁。

【解】(1) 外部输入信号 SB1、SB2 分别对负载 HL1 发出开始闪烁和停止闪烁的命令，因此，对应的 I/O 地址分配如表 2-1-6 所示。

表 2-1-6　信号灯闪烁电路的 I/O 地址分配

输入端口			输出端口	
输入继电器	输入元件	作用	输出继电器	输出元件
I0.1	SB1	启动	Q0.1	HL1
I0.2	SB2	停止		

（2）PLC 外围接线如图 2-1-9 所示。

以 CPU 224 为例，CPU 模块型号为 AC/DC/继电器，使用电源 AC 220V。输入端电源采用本机输出的 DC 24V 电源。该电路中 HL1 为直流负载。

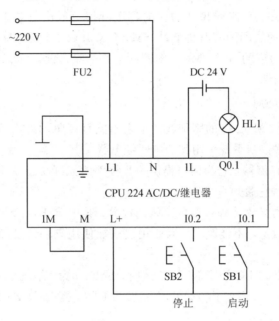

图 2-1-9 闪烁控制 PLC 外围接线

（3）梯形图程序及对应的指令表如图 2-1-10 所示。

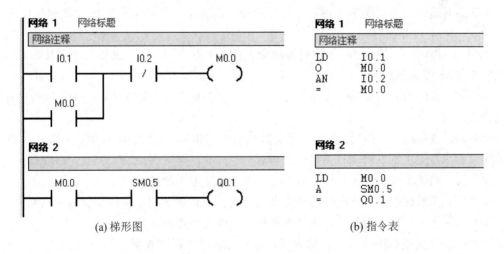

(a) 梯形图 (b) 指令表

图 2-1-10 闪烁控制程序

说明：对比闪烁电路和启保停电路，它们的 I/O 地址分配和 PLC 外围接线是一模一样的，但是控制程序并不一样。由此说明，PLC 的控制功能是通过执行程序来实现的，因此，用户要根据实际系统的需要编写出相应的程序。

根据控制要求，Q0.1 的状态不停得由 0→1→0→1…，即 Q0.1 不停地通/断电，从而实现闪烁的效果，因此 Q0.1 不能自锁，但又要保持闪烁的状态，所以，需要位存储器 M 来帮忙。

图 2-1-10 的程序中，按下 I0.1 对应的 SB1，M0.0 线圈通电并自锁，网络 2 中 M0.0 常开触点闭合，Q0.1 的线圈随着时钟脉冲 SM0.5 常开触点接通/断开而通/断电，产生闪烁的效果；按下 I0.2 对应的 SB2，M0.0 线圈断电并解除自锁，M0.0 常开触点断开，Q0.1 线圈完全断电，停止闪烁。

2. 编程元件 M 和 SM

（1）M：位存储器。M 跟 Q 的区别就在于它不能直接驱动外部负载，只起一个暂存的作用，它类似于继电器控制系统中用到的中间继电器。

（2）SM：特殊位存储器，它为用户提供一些特殊的控制功能及系统信息，用户对操作的一些特殊要求也通过它通知系统。

特殊位存储器分为只读区和可读可写区两部分。其中 SMB0、SMB1 为系统状态字节，只能读取其中的状态数据，不能改写，因此用户只能使用它们的触点。常用的特殊位存储器如下所述：

SM0.0：运行监控，PLC 处于 RUN 模式时，SM0.0 为 1 状态。

SM0.1：初始化脉冲，PLC 由 STOP 模式转为 RUN 模式时，SM0.1 为 1 状态，以后都为 0 状态。

SM0.2：当 RAM 中保存数据丢失，该位将 ON 一个扫描周期。

SM0.3：开机进入 RUN 模式，该位将 ON 一个扫描周期，该位可在启动操作之前给设备提供一个预热时间。

SM0.4：提供一个周期为 1 min 的时钟脉冲，通断比为 1∶1，即它的常开触点接通 30 s，再断开 30 s，以此循环。

SM0.5：提供一个周期为 1 s 的时钟脉冲，通断比为 1∶1，即它的常开触点接通 0.5 s，再断开 0.5 s，以此循环。

SM0.6：该位为扫描时钟，本次扫描为 1，下次扫描为 0，交替循环，可作为扫描计数器的输入。

SM0.7：该位指示 CPU 工作模式开关的位置。TERM 模式时为 0，RUN 模式时为 1。通常用来在 RUN 状态下启动自由口通信方式。

SM1.0：零标志位，当执行结果为 0 时，将该位置为 1 状态。

SM1.1：溢出标志位，当执行结果溢出或者查出非法数值时，将该位置为 1 状态。

SM1.2：当执行数学运算，其结果为负数时，将该位置为 1 状态。

SMB28：存储模拟电位器 0 的输入值，每次扫描时更新该数值。

SMB29：存储模拟电位器 1 的输入值，每次扫描时更新该数值。

3. 电路块连接指令 ALD、OLD

电路块连接指令的指令格式、逻辑功能等指令属性如表 2-1-7 所示。

表2-1-7　电路块连接指令的格式和功能

指令名称	格　式		逻辑功能	操作数
	LAD	STL		
与块指令	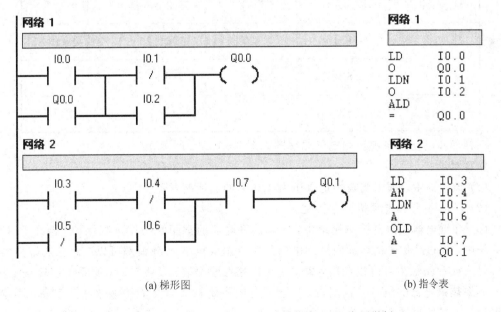	ALD	用于并联电路块的串联连接	无
或块指令		OLD	用于串联电路块的并联连接	无

对电路块连接指令的说明如下：

(1) ALD与OLD指令不带操作数。

(2) 在电路块起始触点要使用LD或LDN。

(3) 电路块串联结束时使用ALD，电路块并联结束时使用OLD。

(4) ALD与OLD指令可根据电路块情况多次使用。

【例2-1-5】阅读图2-1-11(a)所示梯形图，并写出对应的指令表。

【解】图2-1-11(a)梯形图对应的指令表如图2-1-11(b)所示。

(a) 梯形图　　　　　　　　　　　　　　　　(b) 指令表

图2-1-11　与块指令ALD、或块指令OLD应用举例

【例2-1-6】阅读图2-1-12(a)所示梯形图，写出对应的指令表。

【解】图2-1-12(a)中梯形图使用了并联电路块形式和串联电路块形式，对应的指令

表如图 2 - 1 - 12 (b)所示。

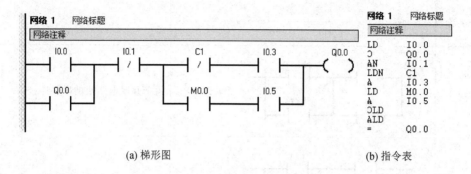

(a) 梯形图　　　　　　　　　　　　　　　(b) 指令表

图 2 - 1 - 12　电路块连接指令的应用举例

实训：三相异步电动机的自锁控制

控制要求：当按下按钮 SB1 时，三相异步电动机 M1 启动；当按下按钮 SB2，M1 停止工作。试用 PLC 完成上述要求。

三相异步电动机自锁控制 I/O 地址分配如表 2 - 1 - 8 所示。

表 2 - 1 - 8　三相异步电动机自锁控制的 I/O 地址分配

输　　入			输　　出	
输入继电器	输入元件	作　用	输出继电器	输出元件
I0.0	KH	过载保护	Q0.2	交流接触器 KM
I0.1	SB1	停止		
I0.2	SB2	启动		

三相异步电动机自锁控制电气原理图如图 2 - 1 - 13 所示。

注意事项：

(1) 该实训中，选用线圈额定电压为 220 V 的交流接触器。

(2) PLC 不要和电动机公共接地。

(3) 在继电器接触器控制系统中，常用热继电器的常闭触头作过载保护。但在 PLC 控制系统中，作过载保护时，选用热继电器的常开触头或常闭触头都可以，而且热继电器的常开触头或常闭触头可以接在输入端，也可以接在输出端，发生过载，则系统应停止工作。

如果热继电器的触点接输出端，用选用它的常闭触头与交流接触器线圈串联，不参与程序设计。当发生过载时，热继电器的常闭触点断开，则交流接触器的线圈将断电，KM 的主触头断开，电动机 M 停止工作，但此时程序中对应的输出点 Q 线圈并没有断电。

如果热继电器的触点接输入端，如图 2 - 1 - 13 所示，则对应输入继电器 I 应参与程序设计。若接线图中用热继电器的常闭触头，梯形图中对应要用常开触点，如图 2 - 1 - 14 所示；若接线图中用热继电器的常开触头，梯形图中对应地应用常闭触点。在图2-1-13中，当发生过载时，热继电器的常闭触头由闭合变成断开，I0.0的状态为由1变为0，则梯形图中I0.0的常开触点也断开，Q0.2线圈断电，自锁解除，对应的交流接触器KM线圈断电，KM的主触头断开，电动机M停止工作。实际生产中，一般把热继电器的触点接输入端。

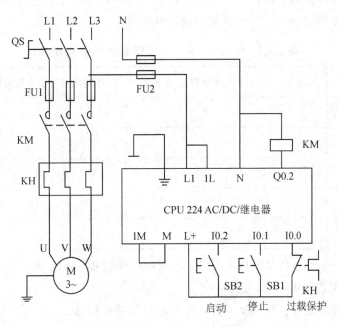

图2-1-13 三相异步电动机自锁控制电气原理图

三相异步电动机自锁控制程序如图2-1-14所示。

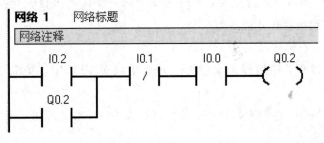

(a) 梯形图

网络 1	网络标题
网络注释	
LD	I0.2
O	Q0.2
AN	I0.2
A	I0.1
=	Q0.2

(b) 指令表

图2-1-14 三相异步电动机自锁控制程序

实训步骤如下：

（1）器材的选择。依据控制要求，教师引导学生分析要完成本次任务所需哪些电器元件，如何选择这些电器元件，如何检测其性能好坏。

（2）按分组领取实施本次任务所需要的工具及材料，同时清点工具、器材与耗材，检查各元件质量，并填写如表 2-1-9 所示的借用材料清单。

表 2-1-9 　　　　　 工作岛借用材料清单

序号	名　称	规格型号	单位	申领数量	实发数量	归还时间	归还人签名	管理员签名	备注

（3）按图 2-1-13，在电路板上安装、固定好所有的电器元件（电动机除外），并完成线路的连接，注意工艺要求。

（4）检测线路。教师引导学生根据工作要求进行接线检查。

按电路图或接线图从电源端开始，逐段核对接线有无漏接、错接之处，检查导线接点是否符合要求，压接是否牢固，以免带负载运行时产生闪弧现象。

根据工作要求，为确保人身安全，在通电试车时，要认真执行安全操作规程的有关规定，经教师检查并现场监护才能通电试车。

（5）接通电源，将模式开关置于"STOP"位置。

（6）启动编程软件，将编译无误的控制程序下载至 PLC 中，并将模式选择开关拨至 RUN 状态。

（7）监控调试程序。在编程软件下，监控调试程序，观察是否能实现电动机的正反转控制，并记录实训结果。

（8）教师检查完毕，学生保存工程文档，断开电源总线，拆除线路，整理实训桌面。

 完成后，仔细检查，客观评价，及时反馈。

【任务评价】

（1）展示：各小组派代表展示任务实施效果，并分享任务实施经验。

（2）评价：见表 2-1-10。

表 2－1－10　三相异步电动机自锁控制任务评价

班 级：	指导教师：
小 组：	
姓 名：	日 期：

| 评价项目 | 评价标准 | 评价依据 | 评价方式 | | | 权重 | 得分小计 |
			学生自评（20%）	小组互评（30%）	教师评价（50%）		
职业素养	1. 遵守企业规章制度、劳动纪律； 2. 按时按质完成工作任务； 3. 积极主动承担工作任务，勤学好问； 4. 人身安全与设备安全； 5. 工作岗位 6S 完成情况	1. 出勤； 2. 工作态度； 3. 劳动纪律； 4. 团队协作精神				0.3	
专业能力	1. 掌握 S7-200 型 PLC 的基本位操作指令； 2. 熟悉 PLC 的程序设计流程及程序设计方法； 3. 完成 S7-200 型 PLC 与开关、按钮指示灯及接触器之间的导线连接	1. 操作的准确性和规范性； 2. 工作页或项目技术总结完成情况； 3. 专业技能任务完成情况				0.5	
创新能力	1. 在任务完成过程中能提出自己有一定见解的方案； 2. 在教学或生产管理上提出建议，具有创新性	1. 方案的可行性及意义； 2. 建议的可行性				0.2	
合计							

学习任务 2　行车的 PLC 控制

【任务描述】

在实际生产中，三相异步电动机的正反转控制是一种基本而且典型的控制。如机床工作台的左移和右移、摇臂钻床钻头的正反转、数制机床的进刀和退刀等，均需要对电动机进行正反转控制。

　　用于搬运物品的行车控制，就是一个典型的三相异步电动机的正反转控制。

【任务要求】

　　（1）理解置位/复位指令、边沿脉冲指令的含义。

　　（2）掌握基本指令的应用。

　　（3）了解 PLC 控制系统的设计方法。

　　（4）以小组为单位，在小组内通过分析、对比、讨论决策出最优的实施步骤方案，由小组长进行任务分工，完成工作任务。

【能力目标】

　　（1）学会 I/O 分配表的设置。

　　（2）掌握绘制 PLC 硬件接线图的方法并能正确接线。

　　（3）掌握置位/复位指令、边沿脉冲指令的功能及应用。

　　（4）培养创新改造、独立分析和综合决策能力。

　　（5）培养团队协助、与人沟通和正确评价能力。

【知识链接】

一、电动机正反转的 PLC 控制

1. 示例

　　控制要求：SB2 为正转启动按钮，SB3 为反转启动按钮；按下停止按钮 SB1，电动机停机。注意，不允许正转直接向反转切换，也不允许反转直接向正转切换，必须先按停止按钮才能切换。

　　【解】（1）根据控制要求，电动机正反转控制的 I/O 地址分配如表 2-2-1 所示。

表 2-2-1　电动机正反转控制的 I/O 地址分配

输入端口			输出端口	
输入继电器	输入元件	作用	输出继电器	输出元件
I0.0	KH	过载保护	Q0.1	正转接触器 KM1
I0.1	SB1	停止按钮	Q0.2	反转接触器 KM2
I0.2	SB2	正转启动按钮		
I0.3	SB3	反转启动按钮		

（2）电动机正反转控制 PLC 外围接线如图 2-2-1 所示。

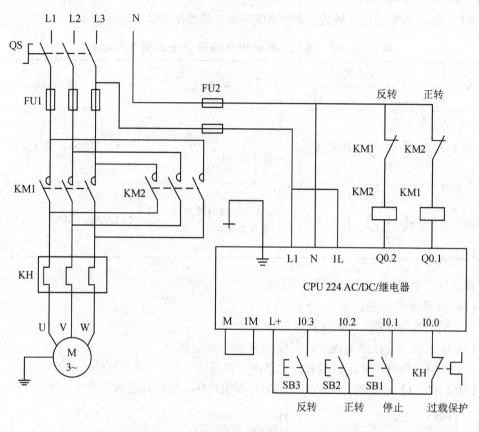

图 2-2-1　电动机正反转控制 PLC 外围接线

（3）电动机正反转控制梯形图程序如图 2-2-2 所示。

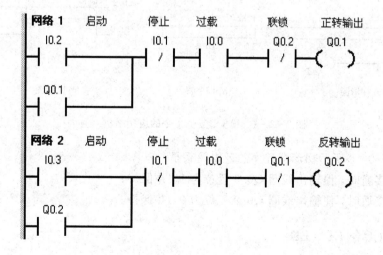

图 2-2-2　电动机正反转控制梯形图程序

2. 置位、复位指令

置位、复位指令的指令格式、逻辑功能等指令属性如表 2-2-2 所示。

表 2-2-2　置位、复位指令的指令格式和逻辑功能

指令名称	格　式		逻辑功能	操 作 数
	LAD	STL		
置位指令	bit —(S) N	S　bit, N	从 bit 开始的 N 个元件 置 1 并保持	I、Q、M、SM、T、C、V、S、L
复位指令	bit —(R) N	R　bit, N	从 bit 开始的 N 个元件 清 0 并保持	I、Q、M、SM、T、C、V、S、L

对置位指令与复位指令说明如下：

(1) bit 表示位元件。

(2) N 一般为常数，N 的取值范围为 1~255。

(3) 被 S 指令置位的编程元件只能用 R 指令才能复位。

(4) R 指令也可以对定时器和计数器的当前值清 0。

【例 2-2-1】阅读图 2-2-3 所示的梯形图程序，分析其逻辑关系。

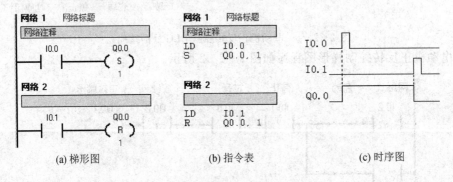

(a) 梯形图　　　　　　　(b) 指令表　　　　　　　(c) 时序图

图 2-2-3　置位、复位指令的应用举例

【解】图 2-2-3 所示梯形图程序的逻辑关系是：

I0.0 触点接通时，使输出线圈 Q0.0 置位为 1，并保持；

I0.1 触点接通时，使输出线圈 Q0.0 复位为 0，并保持。

二、边沿脉冲指令 EU、ED

边沿脉冲指令的指令格式、逻辑功能等指令属性如表 2-2-3 所示。

表 2-2-3 边沿脉冲指令的指令格式和逻辑功能

指令名称	格　式		逻辑功能
	LAD	STL	
上升沿脉冲指令	─┤ P ├─	EU	检测到 EU 指令前的逻辑运算结果有一个上升沿时，产生一个宽度为一个扫描周期的脉冲
下降沿脉冲指令	─┤ N ├─	ED	检测到 ED 指令前的逻辑运算结果有一个下降沿时，产生一个宽度为一个扫描周期的脉冲

说明：

（1）EU 和 ED 指令无操作数。

（2）EU/ED 指令只有在输入信号变化时有效，其输出信号的脉冲宽度为一个扫描周期。

【例 2-2-2】边沿脉冲指令的应用举例如图 2-2-4 所示。

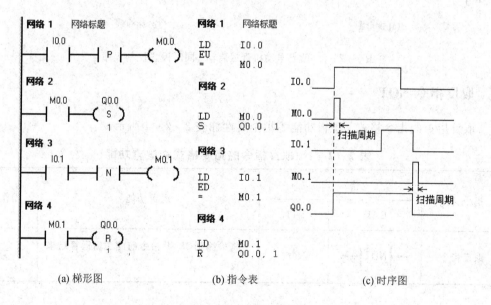

(a) 梯形图　　　　　　　(b) 指令表　　　　　　　(c) 时序图

图 2-2-4 边沿脉冲指令的应用举例

程序及运行结果分析如下：

I0.0 的上升沿，经触点（EU）产生一个扫描周期的脉冲，驱动线圈 M0.0 导通一个扫描周期，M0.0 的常开触点闭合一个扫描周期，使输出线圈 Q0.0 置位为 1，并保持。

I0.1 的下降沿，经触点（ED）产生一个扫描周期的脉冲，驱动线圈 M0.1 导通一个扫描周期，M0.1 的常开触点闭合一个扫描周期，使输出线圈 Q0.0 复位为 0，并保持。

【例 2-2-3】某台设备有两台电动机 M1 和 M2，其交流接触器分别连接到 PLC 的输出继电器 Q0.0 和 Q0.1，启动、停止按钮分别连接到 PLC 的输入继电器 I0.0 和 I0.1。为了减少两台电动机同时启动对供电线路的影响，应让 M2 稍微延迟片刻再启动。其具体控制要求是：按下启动按钮，M1 立即启动，松开启动按钮，M2 才启动；按下停止按钮，M1

和 M2 同时停止。

　　【解】 根据控制要求，启动第一台电动机用 EU 指令，启动第二台电动机用 ED 指令，程序梯形图和指令表如图 2 - 2 - 5 所示。

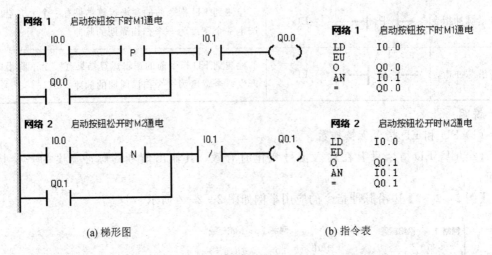

(a) 梯形图　　　　　　　　　　(b) 指令表

图 2 - 2 - 5　两台电动机延迟启动、同时停止控制程序

三、取反指令 NOT

　　取反指令的指令格式、逻辑功能等指令属性如表 2 - 2 - 4 所示。

表 2 - 2 - 4　取反指令的指令格式和逻辑功能

指令名称	格　式		逻辑功能	操作数
	LAD	STL		
取反指令	─|NOT|─	NOT	将检测到 NOT 指令前的逻辑运算结果取反	无

　　【例 2 - 2 - 4】 取反指令的应用举例如图 2 - 2 - 6 所示。

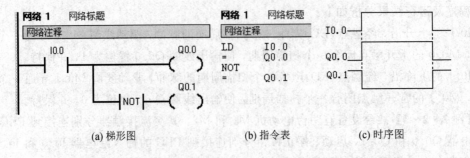

(a) 梯形图　　　　　(b) 指令表　　　　(c) 时序图

图 2 - 2 - 6　取反指令的应用举例

实训：行车的 PLC 控制

控制要求如下：现有一装配车间，需安装一台行车，通过行车吊装设备，行车上有三台电动机，通过控制其正反转，实行行车的前后行、左右行、吊钩的上下行。

请根据要求设计行车的 PLC 控制系统，其具体控制过程为：操作工人按下下行按钮，行车的吊钩下行，下行到一定高度时松开下行按钮，吊钩停止下行，这时用吊带把被吊工件吊在吊钩上，再操作上下、左右、前后相应按钮，把被吊工件吊到相应的安装位置。试用 PLC 完成上述要求。

行车控制 I/O 地址分配如表 2-2-5 所示。

表 2-2-5　行车控制的 I/O 地址分配表

输　入			输　出	
输入继电器	输入元件	作　用	输出继电器	输出元件
I0.0	SB1	下行按钮	Q0.0	下行交流接触器 KM1
I0.1	SB2	上行按钮	Q0.1	上行交流接触器 KM2
I0.2	SB3	左行按钮	Q0.2	左行交流接触器 KM3
I0.3	SB4	右行按钮	Q0.3	右行交流接触器 KM4
I0.4	SB5	前行按钮	Q0.4	前行交流接触器 KM5
I0.5	SB6	后行按钮	Q0.5	后行交流接触器 KM6

行车控制 PLC 外围接线如图 2-2-7 所示。

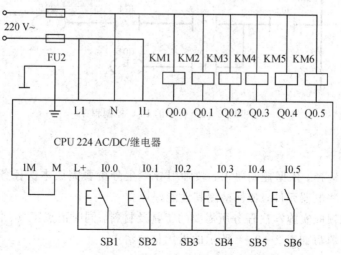

图 2-2-7　行车控制 PLC 外围接线

行车的 PLC 控制程序如图 2-2-8 所示。

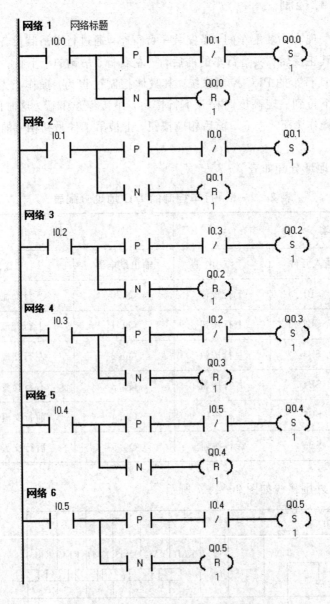

图 2-2-8　行车的 PLC 控制程序

实训步骤如下：

（1）器材的选择。依据控制要求，教师引导学生分析要完成本次任务所需哪些电器元件，如何选择这些电器元件，如何检测其性能好坏。

（2）按分组领取实施本次任务所需要的工具及材料，同时清点工具、器材与耗材，检查各元件质量，并填写如表 2-2-6 所示的借用材料清单。

表 2 - 2 - 6 _____工作岛借用材料清单

序号	名称	规格型号	单位	申领数量	实发数量	归还时间	归还人签名	管理员签名	备注

（3）按图 2 - 2 - 7，在电路板上安装、固定好所有的电器元件（电动机除外），并完成线路的连接，注意工艺要求。

（4）检测线路：教师引导学生根据工作要求进行接线检查。

按电路图或接线图从电源端开始，逐段核对接线有无漏接、错接之处，检查导线接点是否符合要求，压接是否牢固，以免带负载运行时产生闪弧现象。

根据工作要求，为确保人身安全，在通电试车时，要认真执行安全操作规程的有关规定，经教师检查并现场监护才能通电试车。

（5）接通电源，将模式开关置于"STOP"位置。

（6）启动编程软件，将编译无误的控制程序下载至 PLC 中，并将模式选择开关拨至 RUN 状态。

（7）监控调试程序。在编程软件下，监控调试程序，观察是否能实现电动机的正反转控制，并记录实训结果。

（8）教师检查完毕，学生保存工程文档，断开电源总线，拆除线路，整理实训桌面。

完成后，仔细检查，客观评价，及时反馈。

【任务评价】

（1）展示：各小组派代表展示任务实施效果，并分享任务实施经验。

（2）评价：见表 2 - 2 - 7。

表 2-2-7　行车的 PLC 控制任务评价

班　级：＿＿＿＿＿＿＿＿＿　　指导教师：＿＿＿＿＿＿＿＿＿

小　组：＿＿＿＿＿＿＿＿＿

姓　名：＿＿＿＿＿＿＿＿＿　　日　期：＿＿＿＿＿＿＿＿＿

评价项目	评价标准	评价依据	评价方式			权重	得分小计
			学生自评（20%）	小组互评（30%）	教师评价（50%）		
职业素养	1. 遵守企业规章制度、劳动纪律； 2. 按时按质完成工作任务； 3. 积极主动承担工作任务，勤学好问； 4. 人身安全与设备安全； 5. 工作岗位 6S 完成情况	1. 出勤； 2. 工作态度； 3. 劳动纪律； 4. 团队协作精神				0.3	
专业能力	1. 掌握 S7-200 型 PLC 的置位、复位指令、边沿脉冲指令、取反指令的应用； 2. 熟悉 PLC 的程序设计流程及程序设计方法； 3. 完成 S7-200 型 PLC 与开关、按钮、指示灯及接触器之间的导线连接	1. 操作的准确性和规范性； 2. 工作页或项目技术总结完成情况； 3. 专业技能任务完成情况				0.5	
创新能力	1. 在任务完成过程中能提出有一定见解的方案； 2. 在教学或生产管理上提出建议，具有创新性	1. 方案的可行性及意义； 2. 建议的可行性				0.2	
合计							

学习任务 3　数控车床主轴电动机启动的 PLC 控制

【任务描述】

在实际生产中，三相交流异步电动机因其结构简单、价格便宜、可靠性高等优点被广泛应用。但在启动过程中启动电流较大，所以容量大的电动机必须采取一定的方式启动，Y-△换接启动就是一种简单方便的降压启动方式。

对于鼠笼式异步电动机来说，正常运行的定子绕组为三角形接法。如果在启动时将定子绕组接成星形，待启动完毕后再接成三角形，就可以降低启动电流，减轻它对电网的冲击。这样的启动方式称为星-三角降压启动，简称 Y -△降压启动。

完成各种工件加工的数控车床的主轴电动机控制电路，就是一个典型的 Y -△降压启动控制电路。具体的控制过程为：在给主轴电动机正确通电后，按下启动按钮，主轴电动机的内部绕组接成"Y"形，在经过 6 s 的启动延时后，再将主轴电动机的内部绕组接成"△"形，这样就完成了 Y -△降压启动过程。当加工完工件之后，按下停止按钮，主轴电动机停止工作。

为完成 Y -△降压启动控制，本任务将重点学习 S7-200 系列 PLC 的定时器指令的应用。

【任务要求】

（1）了解 S7-200 PLC 的定时器类型及特点。

（2）理解定时器指令（TON、TOF、TONR）的含义。

（3）掌握 PLC 延时控制程序的设计方法。

（4）以小组为单位，在小组内通过分析、对比、讨论，决策出最优的实施步骤方案，由小组长进行任务分工，完成工作任务。

【能力目标】

（1）学会 I/O 分配表的设置。

（2）掌握绘制 PLC 硬件接线图的方法并能正确接线。

（3）能用定时器指令编写控制程序。

（4）培养创新改造、独立分析和综合决策能力。

（5）培养团队协助、与人沟通和正确评价能力。

【知识链接】

一、定时器指令

定时器是 PLC 中的重要基本指令，S7-200 系列 PLC 有三种定时器：接通延时定时器（TON）、断开延时定时器（TOF）和有记忆接通延时定时器（TONR），其指令格式如表 2-3-1 所示。

表 2-3-1　定时器指令格式

项　目	接通延时定时器	断开延时定时器	有记忆接通延时定时器
LAD	T××× IN　TON PT　　??? ms	T××× IN　TOF PT　　??? ms	T××× IN　TONR PT　　??? ms
STL	TON T×××, PT	TOF T×××, PT	TONR T×××, PT

S7-200 系列 PLC 共有 256 个定时器,编号为 T0～T255。不同的编号决定了定时器的功能和分辨率,而某一编号定时器的功能和分辨率是固定的,如表 2-3-2 所示。

表 2-3-2 定时器的编号与分辨率

定时器类型	分辨率	计时范围	定时器编号
TONR	1 ms	0.001 s～32.767 s	T0、T64
	10 ms	0.01 s～327.67 s	T1～T4、T65～T68
	100 ms	0.1 s～3276.7 s	T5～T31、T69～T95
TON TOF	1 ms	0.001 s～32.767 s	T32、T96
	10 ms	0.01 s～327.67 s	T33～T36、T97～T100
	100 ms	0.1 s～3276.7 s	T37～T63、T101～T255

说明:

(1) TON 和 TOF 的定时器编号范围相同,但同一个程序中,同一个编号的定时器指令盒只能出现一次,不能同时作 TON 和 TOF。

(2) 定时器的分辨率有 3 种:1 ms、10 ms、100 ms。定时器编号一定,分辨率就定了。

(3) 定时器的设定值 PT 可为常数,或者存储单元。注意它是 16 位有符号数,为常数,范围是 1～32 767。

(4) 定时器的定时时间 T 等于设定值 PT 乘以定时器的分辨率。

(5) 定时器的编号代表两个方面:一是位状态,二是当前值。在程序中,访问的是它们的位状态还是当前值取决于指令方式。

1. 接通延时定时器

接通延时定时器(TON)用于单一时间间隔的定时,其工作原理如下:

(1) 当计时输入端(IN)接通时,TON 开始计时;当定时器的当前值等于或大于设定值(PT)时,定时器位状态为 1,常开触点闭合,常闭触点断开。如果之后 IN 端仍保持接通,则定时器一直计数到最大值 32 767。

(2) 当 IN 端断开时,定时器自动复位,位状态为 0,常开触点断开,常闭触点闭合,当前值清 0。

注意:TON 型定时器在计时过程中,IN 端不能断开,否则自动复位。

TON 定时器指令编程的应用如图 2-3-1 所示。当 I0.0 常开触点接通时,定时器 T38 开始对 100 ms 时钟脉冲进行计数,当当前值寄存器中的数据与设定值 100 相等(即定时时间 T=100 ms×100=10 s)时,定时器位元件动作,T38 常开触点闭合,Q0.0 接通。如果 I0.0 一直接通,则 T38 计数到 32 767(即 3276.7 s)停止计时。当 I0.0 断开或 PLC 断电时,T38 定时器的当前值寄存器和位元件复位,Q0.0 断开。

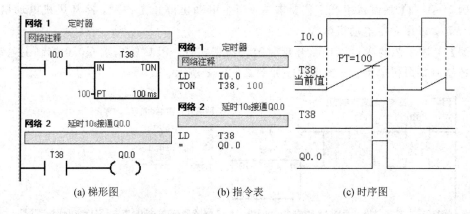

(a) 梯形图　　　　　(b) 指令表　　　　　(c) 时序图

图 2-3-1　接通延时定时器(TON)的应用

【例 2-3-1】按下启动按钮 SB1,指示灯 HL1 亮,1 min 后自动熄灭。SB2 为急停按钮。

【解】(1) I/O 地址分配如表 2-3-3 所示。

表 2-3-3　例 2-3-1 的 I/O 地址分配

输　　入			输　　出	
输入继电器	输入元件	作用	输出继电器	输出元件
I0.1	SB1	启动	Q0.0	指示灯 HL1
I0.2	SB2	停止		

(2) 梯形图程序如图 2-3-2 所示。

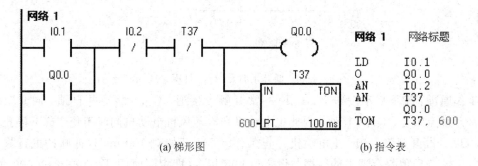

(a) 梯形图　　　　　　　(b) 指令表

图 2-3-2　例 2-3-1 参考程序

在图 2-3-2 中,当 I0.1 常开触点接通时,Q0.0 有输出并保持(即自锁)。同时,T37 的 IN 端接通,T37 开始定时,定时时间为 100 ms×600＝60 s＝1 min。当定时时间到达后,T37 常闭触点断开,Q0.0 停止输出并解除自锁,T37 的 IN 端断开,T37 自动复位。

2. 断开延时定时器

断开延时定时器(TOF)用于计时输入端(IN)断开后的单一时间间隔的计时,工作原理如下:

(1) 当 TOF 输入端(IN)接通时,定时器位状态为 1,并把当前值设为 0。

(2) 当 IN 断开时,定时器开始计时;当定时器的当前值等于设定值(PT)时,定时器位状态为 0,并且停止计时。

【例 2-3-2】某设备生产工艺要求是：当主电动机停止工作后，冷却风机电动机继续工作 1 min，以便对主电动机降温。

【解】上述工艺要求可以用断开延时定时器来实现，PLC 输出端 Q0.0 控制主电动机，Q0.1 控制冷却风机电动机。参考程序如图 2-3-3 所示。

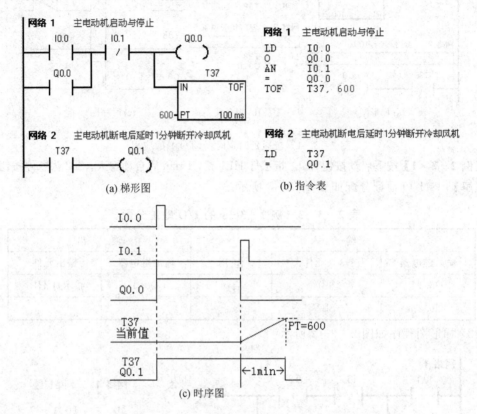

图 2-3-3　断开延时定时器(TOF)的应用

工作原理：按下启动按钮 I0.0，I0.0 常开触点接通，Q0.0 接通并自锁，同时定时器 T37 常开触点闭合，Q0.1 接通，因此主电动机和冷却风机电动机同时工作。按下停止按钮 I0.1，Q0.0 断开解除自锁，主电动机停止工作。T37 开始对 100 ms 时钟脉冲进行累计计数，当 T37 当前值寄存器中的数据与设定值 600 相等(即定时时间 T＝100 ms×600＝6 s)时，定时器 T37 常开触点分断，Q0.1 断开，冷却风机电动机停止工作。

3. 有记忆接通延时定时器

有记忆接通延时定时器(TONR)具有记忆功能，用于累计输入信号的接通时间，其工作原理如下：

(1) 当 TONR 输入端(IN)接通时，TONR 开始计时。

(2) 当 IN 中途断开时，当前值寄存器中的数据仍然保持。

(3) 当 IN 重新接通时，当前值寄存器在原来数据的基础上继续计时，直到累计时间达到设定值，定时器动作，定时器位状态为 1。

(4) 只能用复位指令 R 才能将 TONR 当前值清 0。

TONR 指令编程的应用如图 2-3-4 所示。当 I0.0 常开触点接通时，定时器 T5 开始对 100 ms 时钟脉冲进行累计计数。当当前值寄存器中的数据与设定值 100 相等（即定时时间 T＝100 ms×100＝10 s）时，定时器位元件动作，T5 常开触点闭合，Q0.0 接通。若在计时中途 I0.0 断开，则 T5 定时器的当前值寄存器保持数据不变；当 I0.0 重新接通时，T5 在保存数据的基础上继续计时。当 I0.1 常开触点接通时，复位指令使 T5 定时器复位，T5 常开触点分断，Q0.0 断开。

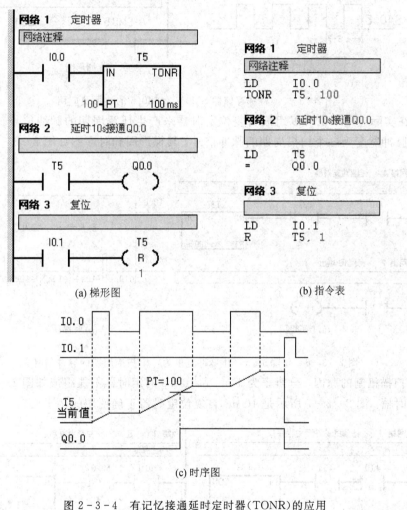

(a) 梯形图　　　　　　　　　　　　　　(b) 指令表

(c) 时序图

图 2-3-4　有记忆接通延时定时器（TONR）的应用

二、脉冲产生程序

（1）S7-200 系列 PLC 的特殊位存储器 SM0.4、SM0.5 可以分别产生占空比为 1/2、脉冲周期为 1 min 和 1 s 的时钟脉冲信号，在需要时可以直接应用。

在如图 2-3-5 所示的梯形图中，用 SM0.4 的触点控制输出端 Q0.0，用 SM0.5 的触点控制输出端 Q0.1。

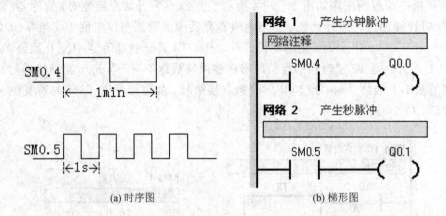

(a) 时序图　　　　　　　　　　　(b) 梯形图

图 2-3-5　特殊存储器 SM0.4、SM0.5 的波形及应用

（2）在实际应用中也可以组成自复位定时器来产生任意周期的脉冲信号。例如，每隔 10 s 产生脉冲宽度为一个扫描周期的脉冲信号，其梯形图和时序图如图 2-3-6 所示。

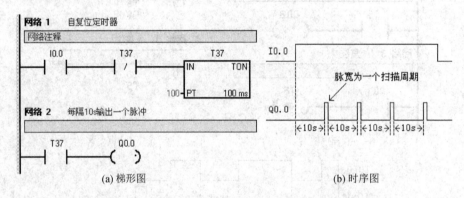

(a) 梯形图　　　　　　　　　　　(b) 时序图

图 2-3-6　每隔 10 s 产生脉冲宽度为一个扫描周期的脉冲信号

由于扫描机制的原因，分辨率为 1 ms 和 10 ms 的定时器不能组成如图 2-3-5 所示的自复位定时器。图 2-3-7 所示是 10 ms 自复位定时器正确使用的例子。

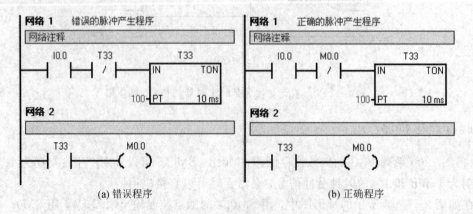

(a) 错误程序　　　　　　　　　　　(b) 正确程序

图 2-3-7　10 ms 自复位定时器正确使用

（3）如果产生一个占空比可调的、任意周期的脉冲信号，则需要 2 个定时器，脉冲信号的低电平时间为 8 s、高电平时间为 2 s 的程序如图 2-3-8 所示。

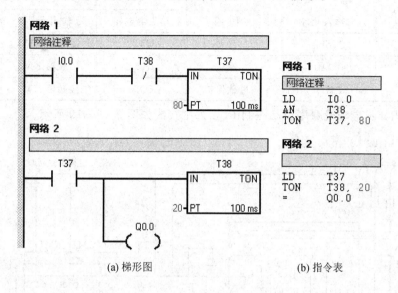

(a) 梯形图　　　　　　　　　　　　　　　　(b) 指令表

图 2-3-8　产生任意周期脉冲信号的程序

当 I0.0 接通时，T37 开始计时，T37 定时 8 s 到，T37 常开触点闭合，Q0.0 接通，T38 开始计时；T38 定时 2 s 到，T38 常闭触点断开，T37 复位，Q0.0 断开，T38 复位；T38 常闭触点闭合，T37 再次接通计时。因此，输出继电器 Q0.0 周期性通电 2 s、断电 8 s。各元件的动作时序如图 2-3-9 所示。

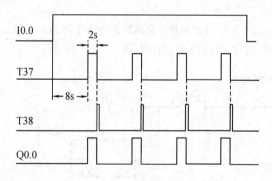

图 2-3-9　脉冲信号时序图

三、三台电动机顺序启动控制

控制要求：某机械设备有三台电动机，按下启动按钮，第一台电动机 M1 启动；运行 4 s 后，第二台电动机 M2 启动；M2 运行 15 s 后，第三台电动机 M3 启动。按下停止按钮，三台电动机全部停机。

【解】（1）三台电动机顺序启动控制 I/O 地址分配如表 2-3-4 所示。

表 2 - 3 - 4　三台电动机顺序启动控制的 I/O 地址分配

输　　入			输　　出		
输入继电器	输入元件	作用	输出继电器	输出元件	控制对象
I0.0	SB0	启动	Q0.1	接触器 KM1	M1
I0.1	SB1	停止	Q0.2	接触器 KM2	M2
I0.2	KH1、KH2、KH3	过载保护	Q0.3	接触器 KM3	M3

（2）三相异步电动机顺序启动控制 PLC 外围接线如图 2 - 3 - 10 所示。

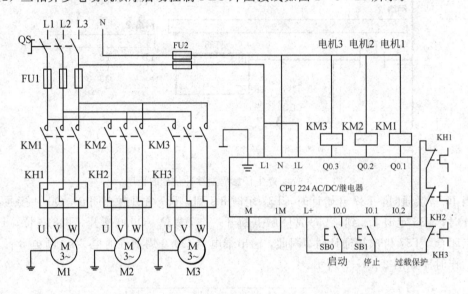

图 2 - 3 - 10　三相异步电动机顺序启动控制 PLC 外围接线

（3）三相异步电动机顺序启动控制程序如图 2 - 3 - 11 所示。

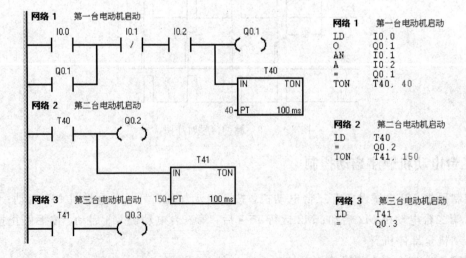

图 2 - 3 - 11　三相异步电动机顺序启动控制程序

实训：数控车床主轴电动机 Y-△降压启动的 PLC 控制

某数控车间有一个数控车床安装调试的任务，要求其主轴电动机采用 Y-△降压启动运行方式。

具体的控制过程：在给主轴电动机正确通电后，按下启动按钮，主轴电动机的内部绕组接成"Y"形，在经过 6 s 的启动延时后，再将主轴电动机的内部绕组接成"△"形，这样就完成了 Y-△降压启动过程。当加工完工件之后，按下停止按钮，主轴电动机停止工作。

数控车床主轴电动机 Y-△降压启动 I/O 地址分配，如表 2-3-5 所示。

表 2-3-5　数控车床主轴电动机 Y-△降压启动的 I/O 地址分配表

输　入			输　出	
输入继电器	输入元件	作　用	输出继电器	输出元件
I0.0	SB1	启动按钮	Q0.1	主电路接触器 KM1
I0.1	SB2	停止按钮	Q0.2	Y 启动接触器 KM2
I0.2	KH	过载保护	Q0.3	△型启动接触器 KM3

数控车床主轴电动机 Y-△降压启动的电气原理图如图 2-3-12 所示。

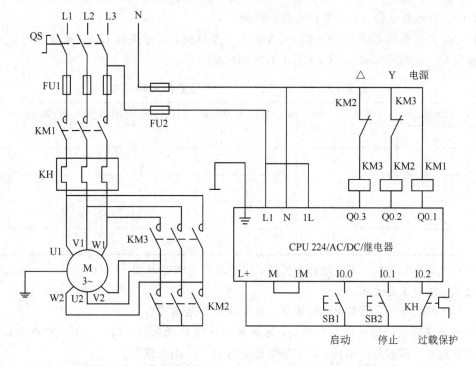

图 2-3-12　数控车床主轴电动机 Y-△降压启动的电气原理图

数控车床主轴电动机 Y-△降压启动的 PLC 程序如图 2-3-13 所示。

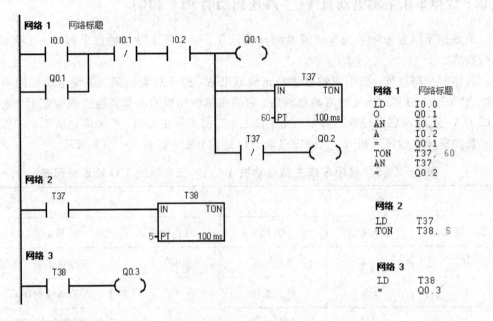

图 2-3-13 数控车床主轴电动机 Y-△降压启动的 PLC 程序

实训步骤如下：

（1）器材的选择。依据控制要求，教师引导学生分析要完成本次任务所需哪些电器元件，如何选择这些电器元件，如何检测其性能好坏。

（2）按分组领取实施本次任务所需要的工具及材料，同时清点工具、器材与耗材，检查各元件质量，并填写如表 2-3-6 所示的借用材料清单。

表 2-3-6 _____ 工作岛借用材料清单

序号	名称	规格型号	单位	申领数量	实发数量	归还时间	归还人签名	管理员签名	备注

（3）按图 2-3-12，在电路板上安装、固定好所有的电器元件（电动机除外），并完成线路的连接，注意工艺要求。

（4）检测线路。教师引导学生根据工作要求进行接线检查。

按电路图或接线图从电源端开始，逐段核对接线有无漏接、错接之处，检查导线接点是否符合要求，压接是否牢固，以免带负载运行时产生闪弧现象。

根据工作要求，为确保人身安全，在通电试车时，要认真执行安全操作规程的有关规定，经教师检查并现场监护才能通电试车。

（5）接通电源，将模式开关置于"STOP"位置。

（6）启动编程软件，将编译无误的控制程序下载至 PLC 中，并将模式选择开关拨至 RUN 状态。

（7）监控调试程序。在编程软件下，监控调试程序，观察是否能实现电动机的正反转控制，并记录实训结果。

（8）教师检查完毕，学生保存工程文档，断开电源总线，拆除线路，整理实训桌面。

 完成后，仔细检查，客观评价，及时反馈。

【任务评价】

（1）展示：各小组派代表展示任务实施效果，并分享任务实施经验。

（2）评价：见表 2-3-7。

表 2-3-7　电动机 Y-△降压启动的 PLC 控制任务评价

班　　级：＿＿＿＿＿＿		指导教师：＿＿＿＿＿＿					
小　　组：＿＿＿＿＿＿							
姓　　名：＿＿＿＿＿＿		日　　期：＿＿＿＿＿＿					

评价项目	评价标准	评价依据	评价方式			权重	得分小计
			学生自评（20%）	小组互评（30%）	教师评价（50%）		
职业素养	1. 遵守企业规章制度、劳动纪律； 2. 按时按质完成工作任务； 3. 积极主动承担工作任务，勤学好问； 4. 人身安全与设备安全； 5. 工作岗位 6S 完成情况	1. 出勤； 2. 工作态度； 3. 劳动纪律； 4. 团队协作精神				0.3	
专业能力	1. 了解 S7-200 PLC 的定时器类型及特点； 2. 掌握定时器指令 TON、TOF、TONR 的使用； 3. 熟悉 PLC 的程序设计流程及程序设计方法； 4. 完成 S7-200 型 PLC 与开关、按钮、指示灯及接触器之间的导线连接	1. 操作的准确性和规范性； 2. 工作页或项目技术总结完成情况； 3. 专业技能任务完成情况				0.5	

评价项目	评价标准	评价依据	评价方式			权重	得分小计
			学生自评（20%）	小组互评（30%）	教师评价（50%）		
创新能力	1. 在任务完成过程中能提出有一定见解的方案； 2. 在教学或生产管理上提出建议，具有创新性	1. 方案的可行性及意义； 2. 建议的可行性				0.2	
合计							

学习任务 4　生产线产品计数的 PLC 控制

【任务描述】

在工厂生产中，传送带在流水线上应用非常广泛，其中需要计数的场合也很多，例如对流水线上的工件进行定量计数，对线性产品进行定长计数等。所以，本任务将重点学习 S7-200 系列 PLC 中计数器指令的应用。

【任务要求】

(1) 了解 S7-200 系列 PLC 的计数器类型及特点。

(2) 理解计数器指令(CTU、CTD、CTUD)的含义。

(3) 掌握 S7-200 系列 PLC 计数控制程序的设计方法。

(4) 以小组为单位，在小组内通过分析、对比、讨论，决策出最优的实施步骤方案，由小组长进行任务分工，完成工作任务。

【能力目标】

(1) 学会 I/O 分配表的设置。

(2) 掌握绘制 PLC 硬件接线图的方法并能正确接线。

(3) 能熟练使用计数器指令编写程序。

(4) 培养创新改造、独立分析和综合决策能力。

(5) 培养团队协助、与人沟通和正确评价能力。

【知识链接】

一、计数器指令

S7-200 系列 PLC 提供了 256 个计数器，编号范围为 C0～C255，用于累计上升沿脉冲个数。计数器分为三种，分别为 CTU(增计数器)、CTD(减计数器)、CTUD(增减计数器)。每个计数器都具有这三种功能，但是同一程序中，同一编号的计数器只能选择作其中一种。

在程序中，计数器的编号代表两个方面：一是位状态，二是当前值。在程序中，访问的是它们的位状态还是当前值取决于指令方式。一般取用它们的触点时，是访问计数器位；使用数据处理功能指令，大多取用的是它们的当前值。

计数器指令格式如表 2-4-1 所示。其中，

C×××：计数器编号。

CU：增计数信号输入端，上升沿有效。

CD：减计数信号输入端，上升沿有效。

R：复位输入。

LD：装载预置值，只用于减计数器。

PV：计数器预置值，为 16 位的有符号数据。

表 2-4-1　计数器指令格式

项 目	增 计 数 器	减 计 数 器	增 减 计 数 器
LAD	C××× CU　CTU R PV	C××× CD　CTD LD PV	C××× CU　CTUD CD R PV
STL	CTU　C×××，PV	CTD　C×××，PV	CTUD　C×××，PV

1. 增计数器指令

1) 增计数器指令(CTU)工作原理

(1) 当复位输入端(R)断开，增计数输入端(CU)每来一个上升沿脉冲信号时，计数器的当前值加 1。

当前值等于设定值时，计数器位为 1 状态，此时常开触点闭合，常闭触点断开。CU 端再来计数脉冲，能接着计数，一直计数至最大值 32 767 时才停止计数。

(2) 当复位输入端(R)接通或者执行复位指令时，计数器被复位，计数器位为 0 状态，当前值被清零，常开触点断开，常闭触点闭合。

2) 注意事项

(1) 指令表中，CU、R 的顺序不能错误。

(2) 指令表中，与 CU 端、R 端相连的第一个触点均用 LD/LDN 指令。

(3) 为了保证计数的初值是从 0 开始，计数器在使用前或使用完，一般要复位(将复位输入端 R 接通或者用 R 指令复位)，将计数器当前值清零。

【例 2-4-1】设 I0.0 连接增计数器的计数输入端，I0.1 连接复位端，计数值为 4 时，Q0.0 接通，试编写控制程序并画出时序图。

【解】梯形图、指令表和时序图如图 2-4-1 所示。

在本例中，I0.1 不论何时闭合，计数器都将被复位，计数器位状态为 0，当前值清零；

之后当 I0.1 断开，I0.0 每来一个上升沿脉冲，C0 进行加 1 计数，当 I0.0 第 4 次闭合时，计数器位状态变为 1，常开触点闭合，输出点 Q0.0 线圈得电。

注意：在图 2-4-1 的网络 1 中，I0.0 和 I0.1 的常开触点均用 LD 指令。

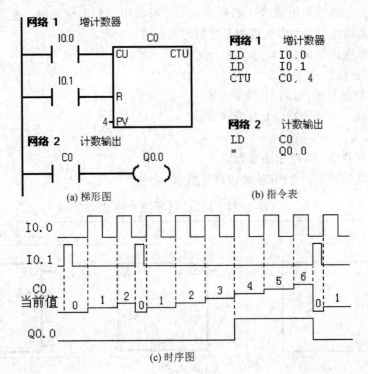

图 2-4-1　增计数器（CTU）的应用

【例 2-4-2】编写一个长延时控制程序，设 I0.0 闭合 5 小时后，Q0.0 输出接通。

【解】因为一个定时器最多只能延时 3276.7 s，所以可由特殊存储器 SM0.5（秒脉冲信号）和一个计数器构成控制程序，延时时间为 1 s×18 000＝5 h，如图 2-4-2 所示。

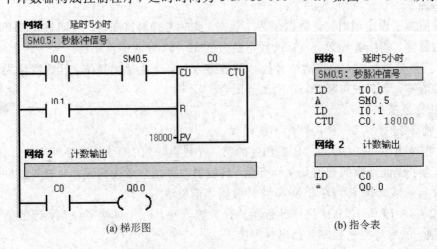

图 2-4-2　例 2-4-1 的控制程序

【例 2 - 4 - 3】 设计满足图 2 - 4 - 3 所示时序图的梯形图。

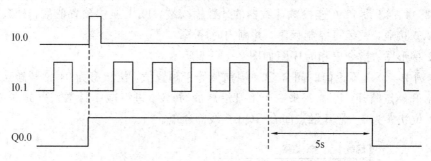

图 2 - 4 - 3 例 2 - 4 - 3 的时序图

【解】 由图 2 - 4 - 3 可知，按下按钮 I0.0 后 Q0.0 为 1 状态并保持，之后计 I0.1 的脉冲 5 个，再过 5 s，Q0.0 停止输出。

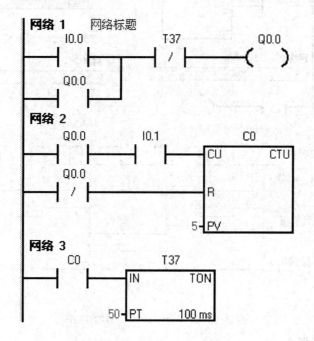

图 2 - 4 - 4 例 2 - 4 - 3 的控制程序

2. 减计数器指令

1) 减计数器指令(CTD)工作原理

(1) 当装载预置值端(LD)接通时，计数器位状态为 0，当前值为预置值(PV)。

(2) 当减计数信号输入端(CD)每来一个上升沿脉冲信号时，当前值减 1。当当前值减小到 0 时，计数器位状态为 1，常开触点闭合，常闭触点断开，再来计数脉冲，停止计数。

(3) 当 LD 端再次有效时，计数器自动复位，即位状态为 0，当前值等于预置值。

2) 注意事项

(1) 减计数器指令的复位端是 LD，而不是 R。

(2) 指令表中，与 CD 端、LD 端相连的第一个触点均用 LD/LDN 指令。

(3) 指令表中，CD、LD 的顺序不能错误。

【例 2 - 4 - 4】设 I0.0 连接减计数器的计数输入端，I0.1 连接预置值端，计数脉冲为 3 个时，Q0.0 接通，试编写控制程序，并画出时序图。

【解】梯形图、指令表和时序图如图 2 - 4 - 5 所示。

在本例中，I0.1 不论何时闭合，C4 当前值等于预置值，位状态为 0，常开触点断开；之后 I0.1 常开触点断开，I0.0 每来一个上升沿脉冲时，C4 进行减 1 计数；当 I0.0 第 3 次闭合时，C4 位状态为 1，常开触点闭合，Q0.0 线圈通电。

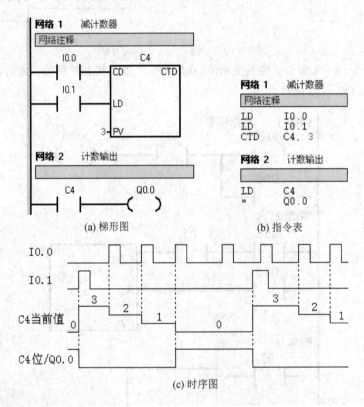

图 2 - 4 - 5 减计数器(CTD)的应用

3. 增减计数器指令

增减计数器有增计数和减计数 2 种工作方式，其计数方式由输入端决定。

1) 增减计数器指令(CTUD)工作原理

(1) 当复位输入端(R)断开，增计数输入端(CU)每来一个上升沿脉冲时，计数器作递增计数；减计数输入端(CD)每来一个上升沿脉冲时，计数器作递减计数。当计数器的当前值≥预置值(PV)时，计数器位状态变为 1，常开触点闭合，常闭触点断开。

(2) 当复位输入端(R)接通时，计数器被复位，计数器位状态为 0，当前值被清零。

2) 注意事项

(1) 指令表中，CU、CD、LD 的顺序不能错误。

(2) 指令表中，与 CU 端、CD 端、R 端相连的第一个触点均用 LD/LDN 指令。

(3) 计数器的当前值在达到计数最大值(32 767)后，下一个 CU 输入端上升沿将使计数器当前值变为最小值（-32 768）；同样在当前值达到最小值（-32 768）时，下一个 CD 输入端上升沿将使计数器的当前值变为最大值（32 767）。

【例 2-4-5】增减计数器的应用。设 I0.0 连接增计数输入端，I0.1 连接减计数输入端，I0.2 连接复位端，计数值为 4 时，Q0.0 接通，试编写控制程序并画出时序图。

【解】梯形图、指令表和时序图如图 2-4-6 所示。

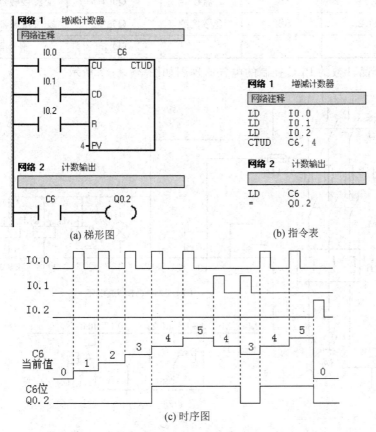

图 2-4-6 增减计数器（CTUD）的应用

I0.0 接增计数输入端，I0.1 接减计数输入端，I0.2 接复位输入端。当当前值≥4 时，C6 常开触点闭合，Q0.2 接通。

实训：生产线产品计数的 PLC 控制

控制要求：某企业生产线的传送带原用继电器-接触器控制，已用多年，设备老化，自动化程度低，维修复杂、成本高，厂家要求按照原系统工作原理进行 PLC 控制改造。其工作过程为：按下启动按钮（I0.1=1），传送带 A（由 Q0.0 控制）开始传送产品。产品通过外包检测仪时，合格为 I0.2=0，不合格为 I0.2=1。当 I0.2=1 时，2 s 后推板机（由 Q0.1 控制）将不合格产品推到传送带 B，传送带 B（由 Q0.2 控制）工作 5 s，同时计数器对不合格产品计数，当计数值等于 10 时，系统停止工作并报警。再次按下启动按钮，停止报警，计数器复位，系统重新工作。

生产线产品计数的 PLC 控制 I/O 地址分配，如表 2-4-2 所示。

表 2 - 4 - 2　生产线产品计数的 PLC 控制 I/O 地址分配

输入			输出	
输入继电器	输入元件	作用	输出继电器	输出元件
I0.0	KH	过载保护	Q0.0	交流接触器 KM1
I0.1	SB1	启动	Q0.1	交流接触器 KM2
I0.2	SB2	合格检测	Q0.2	交流接触器 KM3
			Q0.3	报警器

生产线产品计数的 PLC 控制的电气原理图如图 2 - 4 - 7 所示。

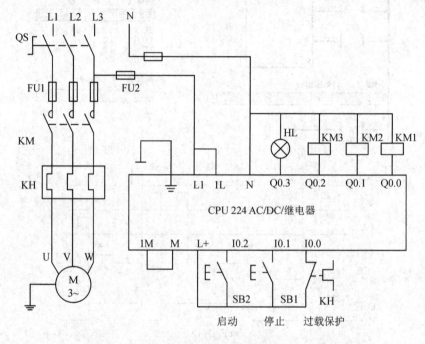

图 2 - 4 - 7　生产线产品计数的 PLC 控制的电气原理图

生产线产品计数的 PLC 控制程序如图 2 - 4 - 8 所示。

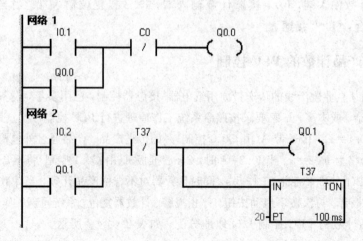

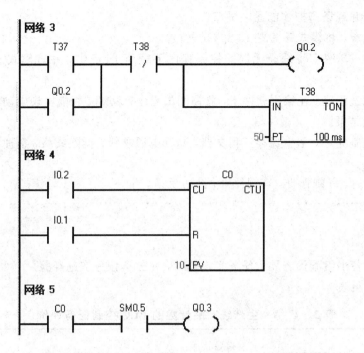

图 2 - 4 - 8 生产线产品计数的 PLC 控制程序

实训步骤如下：

（1）器材的选择。依据控制要求，教师引导学生分析要完成本次任务所需哪些电器元件，如何选择这些电器元件，如何检测其性能好坏。

（2）按分组领取实施本次任务所需要的工具及材料，同时清点工具、器材与耗材，检查各元件质量，并填写借用材料清单，见表 2 - 4 - 3。

表 2 - 4 - 3 _____ 工作岛借用材料清单

序号	名称	规格型号	单位	申领数量	实发数量	归还时间	归还人签名	管理员签名	备注

（3）按图 2 - 4 - 7，在电路板上安装、固定好所有的电器元件（电动机除外），并完成线路的连接，注意工艺要求。

（4）检测线路。教师引导学生根据工作要求进行接线检查。

按电路图或接线图从电源端开始，逐段核对接线有无漏接、错接之处，检查导线接点是否符合要求，压接是否牢固，以免带负载运行时产生闪弧现象。

根据工作要求，为确保人身安全，在通电试车时，要认真执行安全操作规程的有关规定，经教师检查并现场监护才能通电试车。

（5）接通电源，将模式开关置于"STOP"位置。

（6）启动编程软件，将编译无误的控制程序下载至 PLC 中，并将模式选择开关拨至 RUN 状态。

（7）监控调试程序。在编程软件下，监控调试程序，观察是否能实现电动机的正反转控制，并记录实训结果。

（8）教师检查完毕，学生保存工程文档，断开电源总线，拆除线路，整理实训桌面。

 完成后，仔细检查，客观评价，及时反馈。

【任务评价】

（1）展示：各小组派代表展示任务实施效果，并分享任务实施经验。

（2）评价：见表 2－4－4。

表 2－4－4　生产线产品计数的 PLC 控制任务评价

班　　级：			指导教师：				
小　　组：							
姓　　名：			日　　期：				

评价项目	评价标准	评价依据	评价方式			权重	得分小计
			学生自评（20%）	小组互评（30%）	教师评价（50%）		
职业素养	1. 遵守企业规章制度、劳动纪律； 2. 按时按质完成工作任务； 3. 积极主动承担工作任务，勤学好问； 4. 人身安全与设备安全； 5. 工作岗位 6S 完成情况	1. 出勤； 2. 工作态度； 3. 劳动纪律； 4. 团队协作精神				0.3	
专业能力	1. 了解 S7-200 PLC 的计数器类型及特点； 2. 掌握计数器指令 CTU、CTD、CTUD 的使用； 3. 熟悉 PLC 的程序设计流程及程序设计方法； 4. 完成 S7-200 型 PLC 与开关、按钮、指示灯及接触器之间的导线连接	1. 操作的准确性和规范性； 2. 工作页或项目技术总结完成情况； 3. 专业技能任务完成情况				0.5	

续表

评价项目	评价标准	评价依据	评价方式			权重	得分小计
			学生自评（20%）	小组互评（30%）	教师评价（50%）		
创新能力	1.在任务完成过程中能提出自己有一定见解的方案； 2.在教学或生产管理上提出建议，具有创新性	1.方案的可行性及意义； 2.建议的可行性				0.2	
合计							

项目小结

（1）本项目中介绍了常用基本指令 LD/LDN、A/AN、O/ON、ALD/OLD、S/R、EU/ED、TON/OF/TONR、CTU/CTD/CTUD 的格式及应用，这些指令是 PLC 编程的基础。

（2）本项目中通过例题来介绍编程元件 I、Q、M、SM、T、C 的应用，特别要理解 T 和 C 的工作原理。

（3）本项目中，常用基本程序包括信号灯的点动控制、启保停控制、两地控制、闪烁电路，三相异步电动机的正反转控制、三相异步电动机顺序启动控制等基本电路。实训操作内容有三相异步电动机的自锁电路、行车的 PLC 控制、数控车床主轴电动机 Y-△换接启动的 PLC 控制、生产线产品计数的 PLC 控制线路及程序。

（4）本项目讲解了 PLC 编程的基本规则和方法，这也是由很多经验总结而来的。

习　题　2

一、简答题

2-1　简述三相交流异步电动机正反转控制电路中熔断器与热继电器的作用。它们能不能互相取代？为什么？

二、填空题

2-2　输出指令（＝）不能用于_____继电器。

2-3　按国标规定，"停止"按钮一般是____色，"启动"按钮一般是____色。

2-4　在 PLC 运行时一直为 ON 的特殊位存储器位是_____，常用作初始化脉冲用的特殊位存储器位是_____，发出周期为 1 min 的时钟脉冲的特殊位存储器位是_____，发出周期为 1 s 的时钟脉冲的特殊位存储器位是_____。

2-5　S7-200 系列 PLC 的定时器分为_____、_____、____三种类型，分辨率有_____、_____和_____三种。

2-6　定时器预设值 PT 的长度为____位，采用的寻址方式为_____。

2-7　定时器的延时时间等于____乘以____。

2-8　当 TON 型定时器的输入(IN)电路____时，TON 开始定时，____达到设定值时，其定时器位为__状态，其常开触点____，常闭触点____。输入(IN)电路____时被复位，复位后其常开触点____，常闭触点____，当前值等于____。

2-9　S7-200 PLC 共有__个计数器，有____、____和____三种类型。

2-10　若加计数器的计数输入电路(CU)____、复位输入电路(R)____，计数器的当前值加 1。当前值大于等于设定值(PV)时，其常开触点____，常闭触点____。复位输入电路____时，计数器被复位，复位后其常开触点____，常闭触点____，当前值为____。

三、判断题

2-11　定时器类型不同但分辨率都相同。　　　　　　　　　　　　　　（　　）

2-12　TON 的启动输入端 IN 由"0"变"1"时定时器开始计时。　　　　（　　）

2-13　TONR 的启动输入端 IN 由"1"变"0"时定时器复位。　　　　　（　　）

2-14　TOF 的启动输入端 IN 由"1"变"0"时定时器开始计时。　　　　（　　）

2-15　上升沿脉冲指令 EU 每次检测到输入信号由 0 变 1 之后，使电路接通一个扫描周期。　　　　　　　　　　　　　　　　　　　　　　　　　　　　　（　　）

2-16　当 PLC 中的计数器复位时，其设定值为零。　　　　　　　　　（　　）

2-17　CTUD 计数器的当前值等于预置数 PV 时置位，停止计数。　　　（　　）

2-18　CTU 计数器的当前值等于设定值时，再来计数脉冲停止计数。　　（　　）

2-19　PLC 中定时器、计数器触点的使用次数是不受限制的。　　　　（　　）

2-20　PLC 中所有继电器都可以由程序来驱动。　　　　　　　　　　（　　）

四、应用题

2-21　根据题图中指令表绘制出对应的梯形图。

2-22　根据题图中指令表绘制梯形图。PLC 执行下列程序，当 I0.0 位为 1 后多久 Q0.0 得电？

LD	I0.0		LD	I0.0
A	M0.0		AN	M0.0
O	I0.1		TON	T37，20
=	Q0.0		LD	T37
LD	M0.1		=	M0.0
AN	I0.2		LD	M0.0
=	M0.3		LDN	I0.0
A	T5		CTU	C0，60
=	Q0.3		LD	C0
AN	M0.4		=	Q0.0
=	Q0.1			

题 2-21　　　　　　　　　题 2-22 图

2-23　设计出满足如题图所示的波形图的梯形图。

2-24 设计出满足如题图所示的波形图的梯形图。

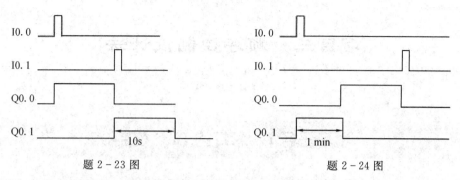

题 2-23 图　　　　　　　　　　　题 2-24 图

2-25 按下 SB1，灯 HL1 以 5 s 的周期闪烁（亮 3 s，灭 2 s）；按下 SB2，灯 HL1 熄灭。

2-26 按下 SB1，电动机 M1 开始启动，30 min 后自动停机。SB2 为急停按钮。

要求：（1）写出 I/O 地址分配；

（2）完成 PLC 控制程序设计。

2-27 按下 SB1，电动机 M1 开始启动，2 小时后自动停机。SB2 为急停按钮。

要求：（1）写出 I/O 地址分配；

（2）完成 PLC 控制程序设计。

2-28 试用 PLC 完成单按钮控制启停。控制要求如下：

第一次按下 SB1，指示灯亮；第二次按下 SB1，指示灯灭；第三次按下 SB1，指示灯亮；第四次按下 SB1，指示灯灭；以此类推。

要求：（1）写出 I/O 地址分配；

（2）完成 PLC 控制程序设计。

2-29 试用 PLC 完成三彩灯循环点亮控制。控制要求如下：

按下启动按钮 SB1，第一花样绿灯亮；10 s 后，换第二花样蓝灯亮；20 s 后，换第三花样红灯亮；15 s 后返回第一花样，如此循环工作 10 个周期后，三彩灯都熄灭。不论何时按下停止按钮 SB2，三彩灯都灭。

要求：（1）写出 I/O 地址分配；

（2）完成 PLC 控制程序设计。

2-30 某企业生产线的传送带工作过程为：当货车到位时，按下启动按钮 SB1，传送带开始传送产品。产品通过外包检测仪时对产品计数，当计数值等于 3 时，此时传送带停止工作，同时推板机（由 Q0.1 控制）将产品推到货车上后（需要 10 s），推板机自动返回。当下一辆货车到位，再次按下启动按钮时，系统重新工作。

要求：（1）列出 I/O 分配表；

（2）完成 PLC 控制程序设计。

项目三　顺序控制设计法

学习任务 1　彩灯的 PLC 控制

【任务描述】

在项目二中，应用基本指令和经验设计法来完成程序设计，没有固定的方法和步骤可以遵循，具有很大的随意性和试探性，程序的质量与设计者的经验有很大关系。在用经验法设计复杂系统时，需要用到大量的中间单元来完成记忆、自锁和互锁等功能，同时需要考虑的因素较多，分析起来困难，并且容易遗漏一些应该考虑的问题，还给后期系统的维护和改进带来了不小的困难。

生产中的许多设备，在各个输入信号的作用下，根据内部状态或者时间的顺序，按照指定的工艺流程按部就班地工作，这个就是顺序控制。

S7-200 系列 PLC 中，有专门的顺序控制指令用于编制顺序控制程序，从而将一个复杂的工作流程分解为若干个工步，使程序变得清晰、简单、规范。

本任务主要学习用顺控法完成控制系统的设计，根据系统的工艺生产过程，画出单流程的顺序功能图，然后根据顺序功能图画出对应的梯形图。

【任务要求】

(1) 掌握单流程顺序功能图的组成及绘制。

(2) 学习顺序控制指令的格式及功能。

(3) 掌握 SCR 指令，编写顺序控制梯形图。

(4) 以小组为单位，在小组内通过分析、对比、讨论，决策出最优的实施步骤方案，由小组长进行任务分工，完成工作任务。

【能力目标】

(1) 学会 I/O 分配表的设置。

(2) 掌握绘制 PLC 硬件接线图的方法并能正确接线。

(3) 掌握用顺序控制法完成控制系统的设计。

(4) 培养创新改造、独立分析和综合决策能力。

(5) 培养团队协助、与人沟通和正确评价能力。

【知识链接】

一、顺序功能图(SFC)

顺序功能图又称为状态转移图，它是一种描述顺序控制系统的图形语言。它能完整地描述控制系统的工作过程、功能和特性，是分析、设计电气控制系统控制程序的重要工具。

顺序功能图主要由"状态或步""有向连线""转移""转移条件""动作"五部分组成，如图3-1-1所示。

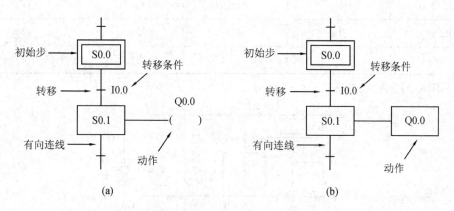

图 3-1-1　SFC 的组成

1. 步

步也叫状态，常用 S 或 M 来表示。本项目中介绍的是用 S 作步来绘制顺序功能图。

在 SFC 中，每一个步对应控制过程中的一个阶段。步是根据输出量的总状态来划分的，在任何一个步中，各输出量的状态不变，但是相邻两步的输出量总有不同。

初始步与控制系统的初始状态相对应，一般为静止等待步。一个控制系统至少有一个初始状态。初始步用双方框表示，其他步用单方框表示。

2. 有向连线

有向连线用于指明状态转移的方向。当状态从上到下或从左到右进行转移时，有向连线的箭头可以省略。反之，有向连线的箭头则不可以省略。

3. 转移和转移条件

转移是指与有向连线垂直的小短线。

转移条件标注在转移短线旁边，可以是编程元件的常开触点、常闭触点或者它们的组合。如果当前步为 1 状态且转移条件满足，则控制系统就按有向连线指明的方向从当前步转移到下一个步。

4. 动作

在控制过程中的每一个阶段，都需要完成一个或多个工作，这就是动作。

注意：在图 3-1-1(a)和(b)中，动作有两种表示方式。

【例 3-1-1】试用 PLC 完成对彩灯的控制。

控制要求:按下启动按钮 SB1 后红灯亮,20 s 后绿灯亮,15 s 后绿灯闪烁,5 s 后黄灯亮,3 s 后红灯亮,如此循环,按下停止按钮 SB2 后三灯均灭。

【解】(1)彩灯控制的 I/O 地址分配如表 3-1-1 所示。

表 3-1-1　彩灯控制的 I/O 地址分配表

输入端口			输出端口	
输入继电器	输入元件	作用	输出继电器	输出元件
I0.0	SB1	启动	Q0.1	红灯
I0.1	SB2	停止	Q0.2	绿灯
			Q0.3	黄灯

(2) PLC 外围接线如图 3-1-2 所示。

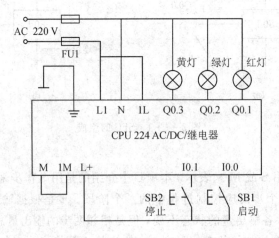

图 3-1-2　彩灯控制的 PLC 外围接线

(3) 流程图和对应的顺序功能图。在图 3-1-3 的(a)中,不论何时按下 SB2,系统都是回到初始状态,同时三个彩灯都灭掉,因此,在图 3-1-3 的(b)中,按下 SB2,系统进入初始状态,同时将 S0.1～S0.4 复位,则对应的动作由于不具备保持功能也将停止。

在图 3-1-3(b)中,每一个步仅连接一个转移,每一个转移仅连接一个步,这种结构的顺序功能图称为单流程。

注意事项:

(1) 在顺序功能图中,顺序控制继电器 S 的编号可以不按顺序编排,S 的范围为 S0.0～S31.7。

(2) 在顺序功能图中,不能重复使用同一编号的 S 来表示不同的步。

(3) 顺序功能图中,初始步一般对应系统等待启动的初始状态,这一步可能没有任何输出,因此初学者容易将它遗漏。如果没有初始步,则无法表示初始状态,系统最终也无法返回停止状态。

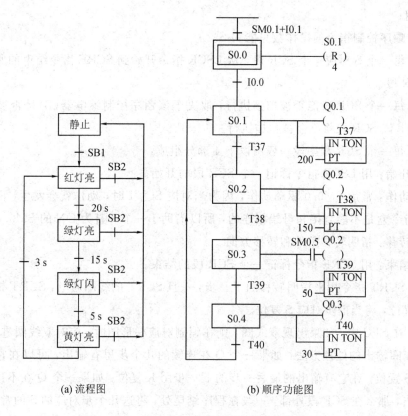

(a) 流程图　　　　　　　　　　　　　(b) 顺序功能图

图 3 - 1 - 3　彩灯控制的流程图和顺序功能图

（4）自动控制系统应能多次重复执行同一工艺过程，因此，顺序功能图一般来说是由步和有向连线组成的闭环，即在完成一次工艺过程的全部操作之后，如果处于单周期工作方式，则应从最后一步返回到初始步，系统将停在初始状态，如果处于连续循环工作方式，则应从最后一步返回下一工作周期开始运行的第一步，如图 3 - 1 - 3 所示。

二、顺序控制指令

顺序控制指令是 PLC 生产厂家为用户提供的专门用于编制顺序控制程序的。S7-200 系列 PLC 提供了三条顺序控制指令，其格式如表 3 - 1 - 2 所示。

表 3 - 1 - 2　顺序控制指令格式

LAD	STL	功能	操作对象
bit SCR	LSCR S-bit	顺序状态开始	S（位）
bit （SCRT）	SCRT S-bit	顺序状态转移	S（位）
（SCRE）	SCRE	顺序状态结束	无

说明：

（1）顺序控制指令的操作数只能为 S。

（2）每一个 S 对应一个 SCR 段，从 LSCR 指令开始到 SCRE 指令结束的所有指令组成一个 SCR 段。

（3）每一个 SCR 段能否被扫描执行，取决于该顺序控制继电器（S）是否被置位为 1 状态；否则，该 SCR 段将不会被扫描执行。

（4）每一个 SCR 程序段一般由以下 4 部分组成：

① 开始：用 LSCR 指令标记一个 SCR 段的开始。

② 动作：常用 SM0.0 驱动动作，因为当对应 S 为 1 时，动作就会发生，而表示动作的线圈或指令盒是不能直接和母线相连的，所以借助于一个一直为 ON 的 SM0.0 来完成。

③ 转移：指明转移条件和转移方向。

④ 结束：用 SCRE 指令标记一个 SCR 段的结束。

（5）SCRT 指令用来指明转移的下一步，一旦 SCRT 的线圈通电，SCRT 指令将下一步对应 S 置位，将当前步对应 S 复位。

（6）在 SFC 中，如果出现双线圈，则在编制对应梯形图时，应对双线圈进行处理。

双线圈输出的处理方法：如果一个 Q 在连续的几个步里有输出，可以在它有输出的第一步用 S 置位，在它有输出的最后一步的下一步用 R 复位；如果一个 Q 在不连续的几个步里有输出，那么在 SCR 段外部，一般在程序结尾处，将这几个步对应的 S 的常开触点并联，然后驱动 Q 的线圈。

（7）在 SCR 段中不能使用 JMP 和 LBL 指令，就是说不允许跳入、跳出或在内部跳转，但可以在 SCR 段附近使用跳转和标号指令。

（8）在 SCR 段中不能使用 FOR、NEXT 和 END 指令。

图 3-1-3 中顺序功能图对应的梯形图程序如图 3-1-4 所示。

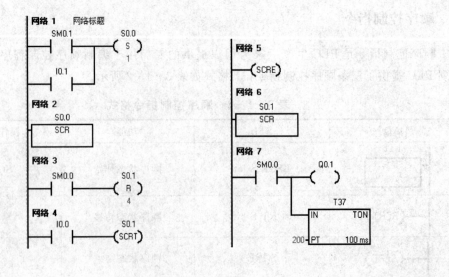

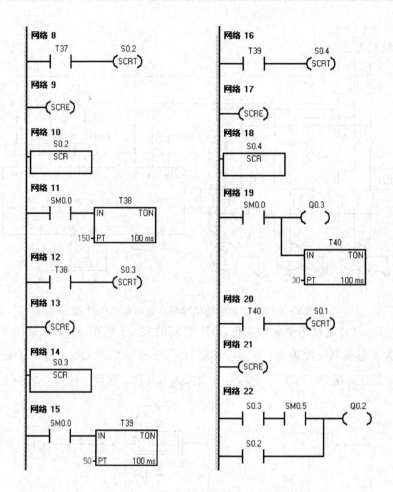

图 3-1-4　彩灯 PLC 控制的梯形图程序

实训：多台电动机的顺序启动

控制要求：按下启动按钮 SB1，三台电动机 M1、M2、M3 依次间隔 5 s 启动。按下停止按钮 SB2，三台电动机全部停机。

多台电动机的顺序启动 I/O 地址分配如表 3-1-3 所示。

表 3-1-3　多台电动机的顺序启动 I/O 地址分配

输　　入			输　　出		
输入继电器	输入元件	作用	输出继电器	输出元件	控制对象
I0.1	SB1	停止	Q0.1	交流接触器 KM1	M1
I0.2	SB2	启动	Q0.2	交流接触器 KM2	M2
			Q0.3	交流接触器 KM3	M3

多台电动机的顺序启动电气原理图如图 3-1-5 所示。

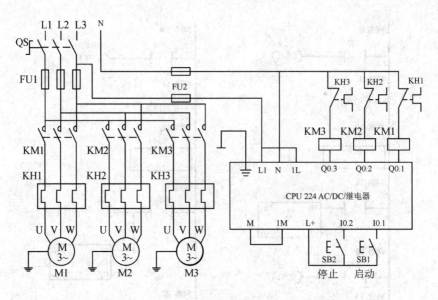

图 3-1-5　多台电动机的顺序启动电气原理图

　　从图 3-1-6(a) 流程图中我们发现，M1 对应的 Q0.1 将在 S0.1 开始的连续三个步中都有输出，为了避免双线圈输出，在对应的图 3-1-6(b) 中对 Q0.1 进行了处理，在 S0.1 阶段对 Q0.1 置位，在 S0.3 的下一步 S0.0 对 Q0.1 复位。同理，对 Q0.2 进行了类似处理。

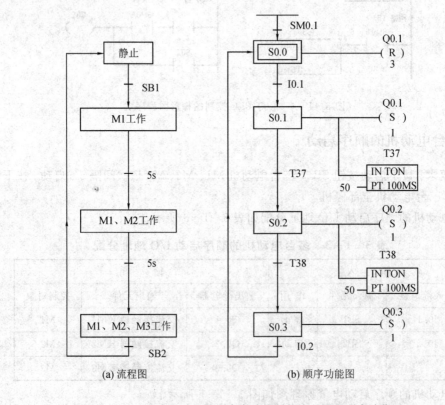

图 3-1-6　多台电动机的顺序启动控制的流程图和顺序功能图

根据顺序功能图编写梯形图程序，如图3-1-7所示。

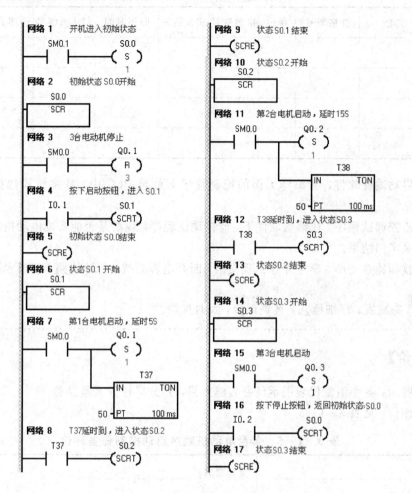

图3-1-7 多台电动机的顺序启动控制的梯形图程序

实训步骤如下：

（1）器材的选择。依据控制要求，教师引导学生分析要完成本次任务所需哪些电器元件，如何选择这些电器元件，如何检测其性能好坏。

（2）按分组领取实施本次任务所需要的工具及材料，同时清点工具、器材与耗材，检查各元件质量，并填写如表3-1-4所示的借用材料清单。

（3）按图3-1-5所示，在电路板上安装、固定好所有的电器元件（电动机除外），并完成线路的连接，注意工艺要求。

（4）检测线路。教师引导学生根据工作要求进行接线检查。

（5）接通电源，将模式开关置于"STOP"位置。

表 3 - 1 - 4 　　　　　　　　工作岛借用材料清单

序号	名称	规格型号	单位	申领数量	实发数量	归还时间	归还人签名	管理员签名	备注

（6）启动编程软件，将编译无误的控制程序下载至 PLC 中，并将模式选择开关拨至 RUN 状态。

（7）监控调试程序。在编程软件下，监控调试程序，观察是否能实现电动机的正反转控制，并记录实训结果。

（8）教师检查完毕，学生保存工程文档，断开电源总线，拆除线路，整理实训桌面。

 完成后，仔细检查，客观评价，及时反馈。

【任务评价】

（1）展示：各小组派代表展示任务实施效果，并分享任务实施经验。

（2）评价：见表 3 - 1 - 5。

表 3 - 1 - 5 　多台电动机顺序启动控制任务评价

班　　级：_____		指导教师：_____					
小　　组：_____							
姓　　名：_____		日　　期：_____					

评价项目	评价标准	评价依据	评价方式			权重	得分小计
			学生自评（20％）	小组互评（30％）	教师评价（50％）		
职业素养	1.遵守企业规章制度、劳动纪律； 2.按时按质完成工作任务； 3.积极主动承担工作任务，勤学好问； 4.人身安全与设备安全； 5.工作岗位 6S 完成情况	1.出勤； 2.工作态度； 3.劳动纪律； 4.团队协作精神				0.3	

评价项目	评价标准	评价依据	评价方式			权重	得分小计
			学生自评（20%）	小组互评（30%）	教师评价（50%）		
专业能力	1.了解顺序控制设计法； 2.掌握顺序功能图的绘制； 3.掌握 SCR 指令编写顺序控制梯形图 4.完成 S7-200 型 PLC 与开关、按钮及接触器之间的导线连接	1.操作的准确性和规范性； 2.工作页或项目技术总结完成情况； 3.专业技能任务完成情况				0.5	
创新能力	1.在任务完成过程中能提出有一定见解的方案； 2.在教学或生产管理上提出建议，具有创新性	1.方案的可行性及意义； 2.建议的可行性				0.2	
合计							

学习任务 2　送料小车的 PLC 控制

【任务描述】

送料小车工作示意图如图 3-2-1 所示，试用 PLC 完成系统设计。具体控制要求如下：

（1）小车最初停在最左边 A 地，按下启动按钮后，根据开关 S 的位置有选择地送料到 B 地或 C 地。

（2）小车右行至 B/C 地后，暂停 30 s，左行返回，到达初始位置后可重新操作。

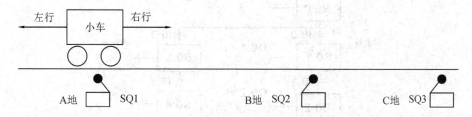

图 3-2-1　送料小车工作示意图

为完成上述要求，在本任务中将重点学习选择流程的顺序功能图。

【任务要求】

（1）熟练掌握顺序功能图的绘制。

（2）掌握选择流程的特点。

（3）能用 SCR 指令编写梯形图。

（4）以小组为单位，在小组内通过分析、对比、讨论，决策出最优的实施步骤方案，由小组长进行任务分工，完成工作任务。

【能力目标】

（1）学会 I/O 分配表的设置。

（2）掌握绘制 PLC 硬件接线图的方法并能正确接线。

（3）掌握 PLC 控制系统的程序设计方法。

（4）培养创新改造、独立分析和综合决策能力。

（5）培养团队协助、与人沟通和正确评价能力。

【知识链接】

一、送料小车的 PLC 控制

1. 选择流程

在实际生产中，对具有多个分支的结构，根据不同的转移条件，选择其中某一个分支流程，但不允许多个分支同时执行。到底进入哪一个分支，取决于分支处的转移条件中哪一个先满足。这种结构的顺序功能图就是选择流程。

如图 3-2-2 所示，在图(a)中，S0.0 为活动步，如果 I0.0 接通，I0.3 断开，则 S0.1 成为活动步，S0.0 成为非活动步，选择进入 S0.1 这条分支，之后即使 I0.3 接通，S0.3 也不会成为活动步。同理，S0.0 为活动步，如果 I0.3 接通，I0.0 断开，则 S0.3 成为活动步，S0.0 成为非活动步，选择进入 S0.3 这条分支，之后即使 I0.0 接通，S0.3 也不会成为活动步。

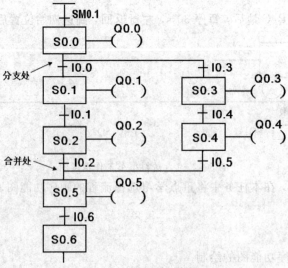

(a) 选择流程顺序功能图

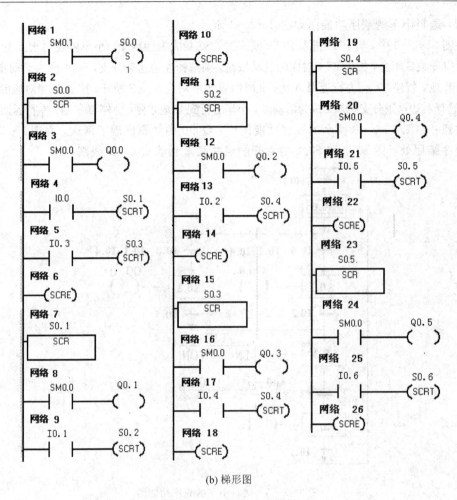

(b) 梯形图

图 3-2-2　选择流程举例

2. 送料小车的 PLC 控制

　　分析送料小车的 PLC 控制要求，可见，小车最初停在 A 地，假如开关 S 闭合，按下启动按钮后，选择送材料去 B 地，否则送材料去 C 地，到达 B 地或 C 地后，执行的工作都是先暂停 30 s，再左行回 A 地。

【解】(1) 送料小车 PLC 控制 I/O 地址分配如表 3-2-1 所示。

表 3-2-1　送料小车 PLC 控制的 I/O 地址分配

输　　入			输　　出		
输入继电器	输入元件	作用	输出继电器	输出元件	作用
I0.0	S	选择开关	Q0.0	交流接触器 KM1	小车右行
I0.1	SQ1	A 地限位	Q0.1	交流接触器 KM2	小车左行
I0.2	SQ2	B 地限位			
I0.3	SQ3	C 地限位			
I0.4	SB	启动按钮			

（2）送料小车的顺序功能图如图 3-2-3 所示。

在图 3-2-3 中，当 PLC 进入 RUN 模式时，S0.0 成为活动步，小车停在 A 地。此时如果 I0.0 对应开关 S 闭合，按下 I0.4 对应的启动按钮，则选择左边这条分支，S0.1 成为活动步，小车右行到 B 地，暂停 30 s，左行返回 A 地；此时如果 I0.0 对应开关 S 断开，按下 I0.4 对应的启动按钮，则选择右边这条分支，S0.2 成为活动步，小车右行到 C 地才停，暂停 30 s 后，左行返回 A 地。

注意： 在图 3-2-3 所示的顺序功能图中，Q0.0 的线圈出现了两次，在图 3-2-4 所示的程序结尾处，将 S0.1 和 S0.2 的常开触点并联来驱动 Q0.0 的线圈。

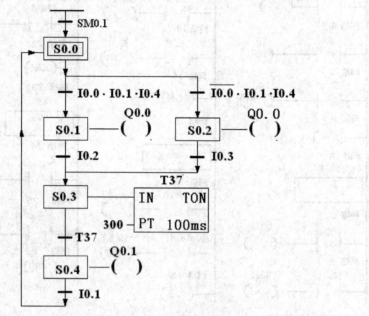

图 3-2-3　送料小车的顺序功能图

（3）对应的梯形图如图 3-2-4 所示。

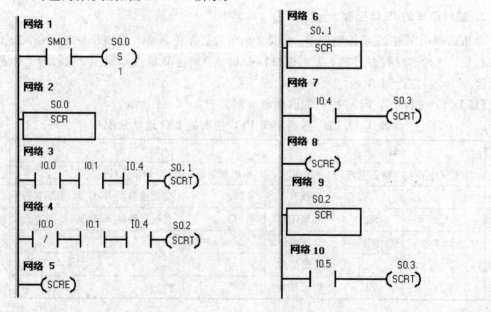

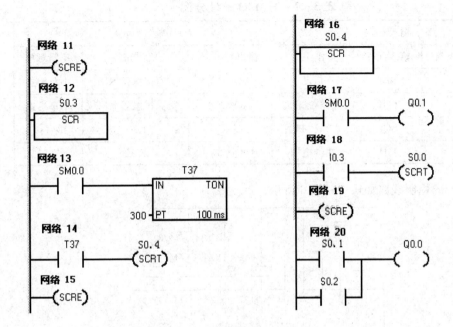

图 3-2-4 送料小车的梯形图

实训：自动生产线送料小车的 PLC 控制

控制要求：自动生产线上一小车的运行过程如图 3-2-5 所示。小车最初停在左限位 SQ1 处，按下启动按钮 SB1，小车前进，当运行至料斗下方时，右限位开关 SQ2 动作，此时打开料斗给小车加料，延时 8 s 后半闭料斗，小车后退返回，压住左限位 SQ1 时，打开小车底门卸料，6 s 后结束，完成一周期动作。如此循环工作 4 个周期后停在初始位置。

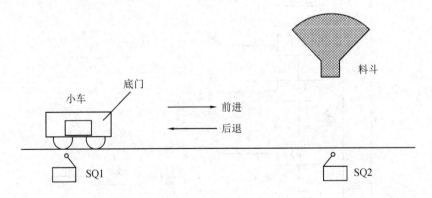

图 3-2-5 小车运行过程示意图

I/O 地址分配如表 3-2-2 所示。

表 3 - 2 - 2　I/O 地址分配

输　　入			输　　出		
输入继电器	输入元件	作　用	输出继电器	输出元件	控制对象
I0.0	SB1	启动	Q0.0	交流接触器 KM1	小车前进
I0.1	SQ1	左限位开关	Q0.1	交流接触器 KM2	小车后退
I0.2	SQ2	右限位开关	Q0.2	KA1	料斗
I0.3	KH	热继电器	Q0.3	KA2	底门

小车运行的控制线路如图 3 - 2 - 6 所示。

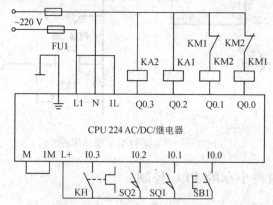

图 3 - 2 - 6　小车运行的控制线路

小车运行控制对应的顺序功能图如图 3 - 2 - 7 所示。

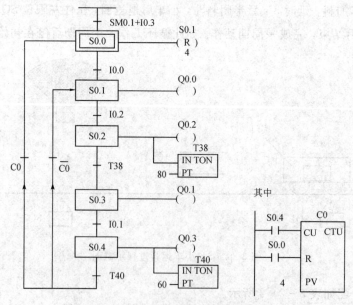

图 3 - 2 - 7　小车运行控制对应的顺序功能图

根据顺序功能图编写梯形图，如图 3-2-8 所示。

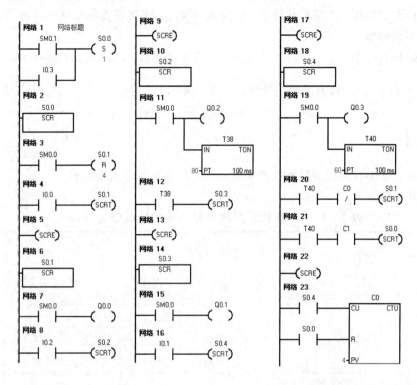

图 3-2-8 小车运行控制对应的梯形图

实训步骤如下：

（1）器材的选择。依据控制要求，教师引导学生分析要完成本次任务所需哪些电器元件，如何选择这些电器元件，如何检测其性能好坏。

（2）分组领取实施本次任务所需要的工具及材料，同时清点工具、器材与耗材，检查各元件质量，并填写如表 3-2-3 所示的借用材料清单。

表 3-2-3 _____ 工作岛借用材料清单

序号	名称	规格型号	单位	申领数量	实发数量	归还时间	归还人签名	管理员签名	备注

（3）按图 3-2-6，在电路板上安装、固定好所有电器元件，并完成线路的连接，注意工艺要求。

（4）检测线路。教师引导学生根据工作要求进行接线检查。

根据工作要求，为确保人身安全，在通电试车时，要认真执行安全操作规程的有关规定，经教师检查并现场监护才能通电试车。

（5）接通电源，将模式开关置于"STOP"位置。

（6）启动编程软件，将编译无误的控制程序下载至 PLC 中，并将模式选择开关拨至

RUN 状态。

（7）监控调试程序。在编程软件下，监控调试程序，观察是否能实现电动机的正反转控制，并记录实训结果。

（8）教师检查完毕，学生保存工程文档，断开电源总线，拆除线路，整理实训桌面。

 完成后，仔细检查，客观评价，及时反馈。

【任务评价】

（1）展示：各小组派代表展示任务实施效果，并分享任务实施经验。

（2）评价：见表 3-2-4。

表 3-2-4　自动生产线送料小车的控制任务评价

班　　级：＿＿＿＿＿＿＿＿　　指导教师：＿＿＿＿＿＿＿＿

小　　组：＿＿＿＿＿＿＿＿

姓　　名：＿＿＿＿＿＿＿＿　　日　　期：＿＿＿＿＿＿＿＿

评价项目	评价标准	评价依据	评价方式			权重	得分小计
			学生自评（20%）	小组互评（30%）	教师评价（50%）		
职业素养	1. 遵守企业规章制度、劳动纪律； 2. 按时按质完成工作任务； 3. 积极主动承担工作任务，勤学好问； 4. 人身安全与设备安全； 5. 工作岗位 6S 完成情况	1. 出勤； 2. 工作态度； 3. 劳动纪律； 4. 团队协作精神				0.3	
专业能力	1. 了解顺序控制设计法； 2. 掌握选择流程的绘制； 3. 掌握 SCR 指令编写选择流程对应的梯形图； 4. 完成 S7-200 型 PLC 与开关、按钮、接触器等元器件之间的导线连接	1. 操作的准确性和规范性； 2. 工作页或项目技术总结完成情况； 3. 专业技能任务完成情况				0.5	
创新能力	1. 在任务完成过程中能提出有一定见解的方案； 2. 在教学或生产管理上提出建议，具有创新性	1. 方案的可行性及意义； 2. 建议的可行性				0.2	
合计							

学习任务3 十字路口交通灯的 PLC 控制

【任务描述】

随着中国经济的快速发展，车辆进入千家万户。车辆的快速增加，给城市交通带来了巨大的压力。为了规范交通秩序，维护交通安全，在十字路口安装交通灯是十分必要的。某十字路口交通灯的控制装置的模拟图如图3-3-1所示。

十字路口交通灯受一个启动开关 S 控制，当启动开关 S 闭合时，交通灯系统开始工作，南北方向先红灯亮，东西方向先绿灯亮。

南北方向：先南北红灯亮，25 s 后，南北绿灯亮20 s，然后南北绿灯闪3 s 后熄灭，南北黄灯亮，维持2 s 后熄灭，这时南北红灯亮，如此周而复始。

东西方向：先东西绿灯亮，20 s 后，东西绿灯闪3 s 后熄灭，同时东西黄灯亮，维持2 s 后熄灭，东西红灯亮，25 s 后，东西绿灯亮，如此周而复始。

当启动开关 S 断开时，所有信号指示灯都熄灭。

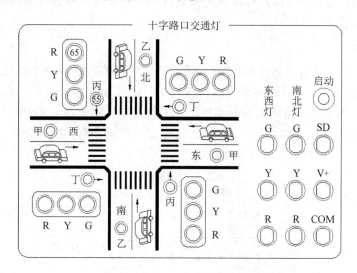

图3-3-1 十字路口交通灯控制装置的模拟图

根据上述要求可知，东西方向和南北方向的交通灯是同时工作的，因此，在本任务中将重点学习并行流程的顺序功能图。

【任务要求】

（1）熟练掌握顺序功能图的绘制。

（2）掌握并行流程的特点。

（3）能用 SCR 指令编写梯形图。

（4）以小组为单位，在小组内通过分析、对比、讨论，决策出最优的实施步骤方案，由小组长进行任务分工，完成工作任务。

【能力目标】

（1）学会 I/O 分配表的设置。
（2）掌握绘制 PLC 硬件接线图的方法并能正确接线。
（3）掌握 PLC 控制系统的程序设计方法。
（4）培养创新改造、独立分析和综合决策能力。
（5）培养团队协助、与人沟通和正确评价的能力。

【知识链接】

一、并行流程

1. 并行流程

在一个多个分支结构中，当满足某个条件后使多个分支状态同时被激活，这种结构的顺序功能图称为并行流程。在并行流程中的合并处，要等所有的分支都执行完毕后，才能同时转移到下一状态。

2. 举例说明

在图 3-3-2(a)中，分支处 S0.0 成为活动步，I0.0 状态为 1，则 S0.1、S0.3 同时成为活动步；合并处 S0.2、S0.4 同时成为活动步，I0.3 状态为 1，则 S0.5 才能成为活动步。

在图 3-3-2(b)中，网络 4 为分支处，请注意分支处的处理方式；网络 20 为合并处，请注意合并处的处理方式，当 S0.2 和 S0.4 同时成为活动步时，I0.3 的常开触点接通，则置位下一步 S0.5，同时复位 S0.2 和 S0.4。

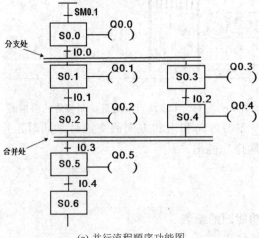

(a) 并行流程顺序功能图

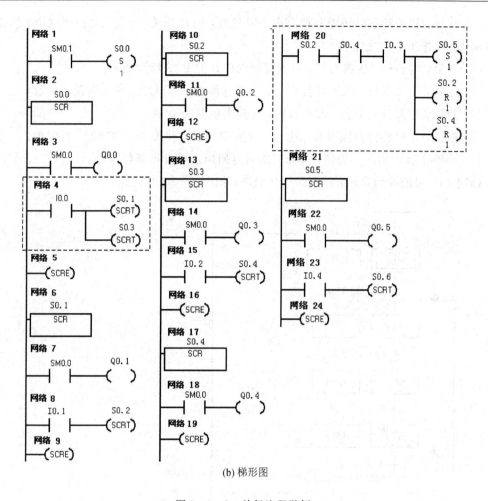

(b) 梯形图

图 3 - 3 - 2 并行流程举例

【例 3 - 3 - 1】用 PLC 完成对剪板机的控制，剪板机的结构如图 3 - 3 - 3 所示，其控制要求如下：

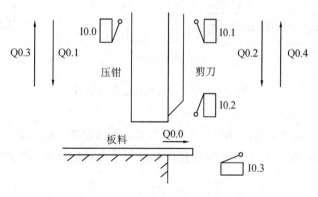

图 3 - 3 - 3 剪板机的结构示意图

（1）开机：初始状态时压钳和剪刀在上限位置，限位开关 I0.0 和 I0.1 为 ON。若要启动剪板机，需按下启动按钮 I1.0。

（2）送料：启动后，板料右行，直到碰到限位开关 I0.3 后停止右行。

（3）压紧：压钳下行，压紧板料后，压力继电器 I0.4 为 ON，使压钳保持压紧状态。

（4）剪切：剪刀开始下行，剪断板料，碰到限位开关 I0.2。

（5）返回：压钳和剪刀同时开始上行，分别碰到限位开关 I0.0 和 I0.1 后停止。

（6）都停止后开始下一周期，连续三次后返回原点后可重新操作。

【解】（1）根据控制要求，绘制顺序功能图，如图 3-3-4 所示。

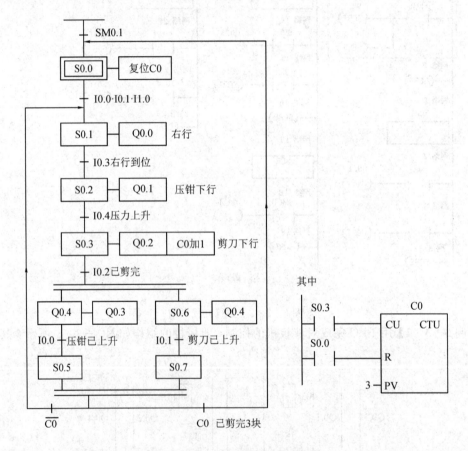

图 3-3-4 剪板机的顺序功能图

（2）在图 3-3-4 中，S0.4 和 S0.5 为等待步，没有动作，也不能单独转移，在转成梯形图时，它们两个的 SCR 段中只有顺序控制开始和顺序控制结束，因此这种情况下的 SCR 段一般不写。

根据图 3-3-4 顺序功能图编写梯形图程序，如图 3-3-5 所示。

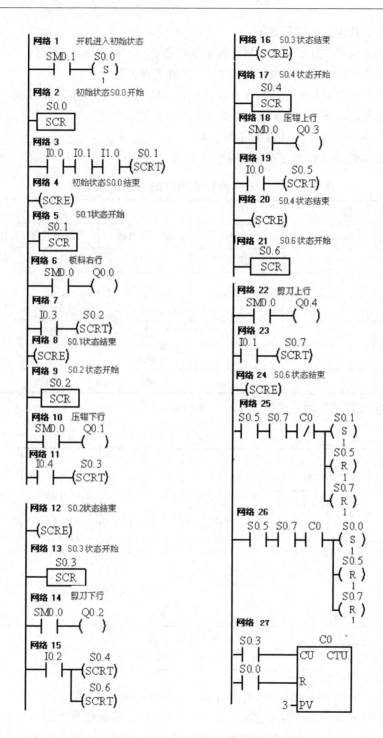

图 3-3-5　剪板机的梯形图程序

实训：十字路口交通灯的 PLC 控制

分析十字路口交通灯的控制要求，可见当开关 S 闭合时，东西和南北方向的红绿交通灯同时开始工作，具体工作流程如下：

南北方向：先南北红灯亮，25 s 后，南北绿灯亮 20 s，然后南北绿灯闪 3 s 后熄灭，南北黄灯亮，维持 2 s 后熄灭，这时南北红灯亮，如此周而复始。

东西方向：先东西绿灯亮 20 s，东西绿灯闪 3 s 后熄灭，同时东西黄灯亮，维持 2 s 后熄灭，东西红灯亮，25 s 后，东西绿灯亮，如此周而复始。

当开关 S 断开时，所有信号指示灯都熄灭。

十字路口交通灯的 I/O 地址分配如表 3-3-1 所示。

表 3-3-1　十字路口交通灯的 I/O 地址分配

输　　入			输　　出		
输入继电器	输入元件	作用	输出继电器	输出元件	控制对象
I0.0	开关 S	启动	Q0.0	HL0	南北红灯
			Q0.1	HL1	南北绿灯
			Q0.2	HL2	南北黄灯
			Q0.3	HL3	东西绿灯
			Q0.4	HL4	东西黄灯
			Q0.5	HL5	东西红灯

十字路口交通灯的控制线路如图 3-3-6 所示。

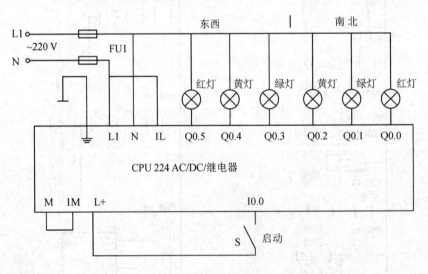

图 3-3-6　十字路口交通灯的控制线路

在图 3-3-7 所示的顺序功能图中，步 S0.0 后面的转换条件为 ↑I0.0＋T40，则表示转换条件为 I0.0 的上升沿或者 T40 的常开触点闭合；如果要用 I0.0 的下降沿则用"↓I0.0"表示。

在图 3-3-7 所示的顺序功能图中，Q0.1 和 Q0.3 的线圈出现了两次。

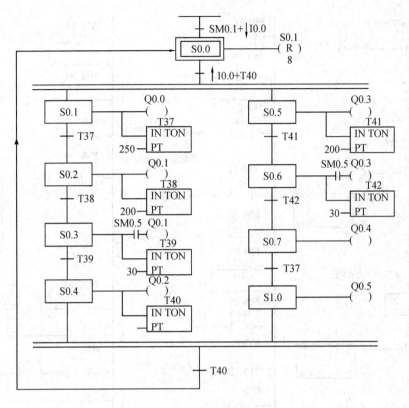

图 3-3-7 十字路口交通灯的顺序功能图

根据顺序功能图编写梯形图，如图 3-3-8 所示。在图 3-3-8 中，网络 T37 和网络 T38 对 Q0.1 和 Q0.3 的双线圈输出进行了处理。

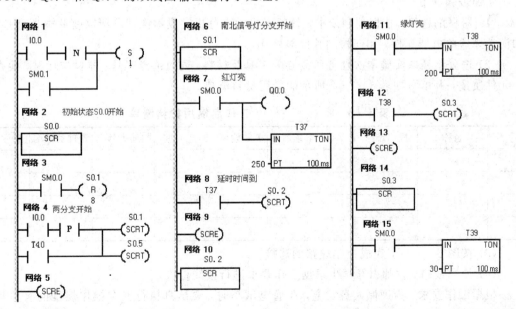

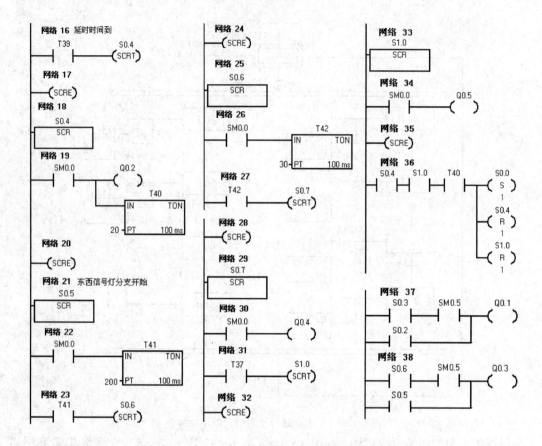

图 3-3-8　十字路口交通灯对应梯形图

实训步骤如下：

（1）器材的选择。依据控制要求，教师引导学生分析完成本次任务所需哪些电器元件，如何选择这些电器元件，如何检测其性能好坏。

（2）按分组领取实施本次任务所需要的工具及材料，同时清点工具、器材与耗材，检查各元件质量，并填写如表 3-3-2 所示的借用材料清单。

表 3-3-2　　　　　　工作岛借用材料清单

序号	名称	规格型号	单位	申领数量	实发数量	归还时间	归还人签名	管理员签名	备注

（3）按图 3-3-6，完成控制线路的连接。

（4）检测线路。教师引导学生根据工作要求进行接线检查。

根据工作要求，为确保人身安全，在通电试车时，要认真执行安全操作规程的有关规定，经教师检查并现场监护才能通电试车。

（5）接通电源，将模式开关置于"STOP"位置。

　　（6）启动编程软件，将编译无误的控制程序下载至 PLC 中，并将模式选择开关拨至 RUN 状态。

　　（7）监控调试程序。在编程软件中，监控调试程序，观察是否能实现电动机的正反转控制，并记录实训结果。

　　（8）教师检查完毕，学生保存工程文档，断开电源总线，拆除线路，整理实训桌面。

完成后，仔细检查，客观评价，及时反馈。

【任务评价】

　　（1）展示：各小组派代表展示任务实施效果，并分享任务实施经验。

　　（2）评价：见表 3 - 3 - 3。

表 3 - 3 - 3　十字路口交通灯的 PLC 控制任务评价

班　　级：＿＿＿＿＿＿＿＿＿		指导教师：＿＿＿＿＿＿＿＿					
小　　组：＿＿＿＿＿＿＿＿＿							
姓　　名：＿＿＿＿＿＿＿＿＿		日　　期：＿＿＿＿＿＿＿＿					

评价项目	评价标准	评价依据	评价方式			权重	得分小计
			学生自评（20%）	小组互评（30%）	教师评价（50%）		
职业素养	1. 遵守企业规章制度、劳动纪律； 2. 按时按质完成工作任务； 3. 积极主动承担工作任务，勤学好问； 4. 注意人身安全与设备安全； 5. 工作岗位 6S 完成情况	1. 出勤； 2. 工作态度； 3. 劳动纪律； 4. 团队协作精神				0.3	
专业能力	1. 了解顺序控制设计法； 2. 掌握顺序功能图的绘制； 3. 掌握 SCR 指令编写顺序控制梯形图； 4. 完成 S7-200 型 PLC 与开关、按钮、指示灯等元器件之间的导线连接	1. 操作的准确性和规范性； 2. 工作页或项目技术总结完成情况； 3. 专业技能任务完成情况				0.5	
创新能力	1. 在任务完成过程中能提出有一定见解的方案； 2. 在教学或生产管理上提出建议，具有创新性	1. 方案的可行性及意义； 2. 建议的可行性				0.2	
合计							

项 目 小 结

本项目主要介绍用顺序控制法完成控制系统的设计，根据系统的工艺生产过程，画出顺序功能图，然后根据顺序功能图画出对应的梯形图。

(1) 顺序功能图主要由"状态或步""有向连线""转移""转移条件""动作"五部分组成。

(2) 本项目介绍了三条顺序控制指令(LSCR、SCRT、SCRE)的功能及应用，它们是配合顺序功能图来使用的，是 PLC 生产厂家专为用户提供的，用于编制顺序控制程序。大家要理解顺序控制程序中 SCR 段的功能，同时，注意顺序控制指令的操作数只能是顺序控制继电器 S。

(3) 单流程是最基本的顺序结构，单流程中每一个步仅连接一个转移，每一个转移仅连接一个步。

(4) 选择流程是一种具有多个分支的结构，分支处不允许多个分支同时执行，只能选择其中一支执行。到底进入哪一个分支，取决于分支处的转移条件哪一个能先满足。

(5) 并行流程是具有多个分支的结构，当分支处转移条件被满足后，后面的多个分支状态同时被激活。在并行流程中的合并处，要等所有的分支都执行完毕后，才能同时转移到下一状态。

(6) 在 S7-200 系列 PLC 中，采用顺序控制指令来完成程序设计时，是不支持双线圈输出的，本项目中给出了简单的解决方法。

习 题 3

一、简答题

3-1 简述顺序功能图的基本组成。

3-2 简述 SFC 中转移发生的条件。

3-3 简述 SCR 段的组成。

二、填空题

3-4 顺序功能图有_____、_____和_____三种结构。

3-5 S7-200 系列 PLC 有三条顺序控制继电器指令，分别为_____、_____和_____。

3-6 在顺序控制继电器指令中的操作数，它所能寻址的编程元件只能是____。

3-7 自动方式下一般用来将初始步置为活动步的特殊存储器为_____，在 SCR 段中用来驱动该步中对应动作的特殊存储器为_____。

3-8 在顺序功能图中，如果 S0.0 原处于状态 1，则当其后的转移条件满足时，S2.0 变为活动步，此时 S1.0 的状态应是____。

三、应用题

3-9 如题图所示，请将下列顺序功能图转化成梯形图。

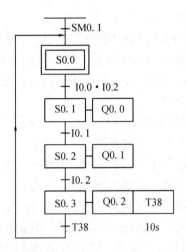

题 3-9 图

3-10　旋转工作台示意图如题图所示，是用凸轮和限位开关来实现运动控制的。在初始状态时左限位开关 SQ1 为 ON，按下启动按钮 SB1，电动机驱动工作台沿顺时针正转，转到上限位开关 SQ2，暂停 5 s，然后继续正转到右限位开关 SQ3，暂停 3 s，工作台开始反转，回到初始位置停止转动。SB2 为急停按钮。

　　要求:(1) 列出 I/O 分配表；

　　　　　(2) 画出顺序功能图并绘制对应梯形图。

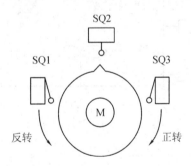

题 3-10 图

3-11　按下启动按钮 SB1，某组合机床按题图所示的工作示意图进行工作。SB2 为急停按钮。

	YV1	YV2	YV3
原位	−	−	−
快进	+	−	−
工进	+	−	+
暂停	−	−	−
快退	−	+	−

题 3-11 图

　　要求：(1) 写出 I/O 地址分配；

（2）画出顺序功能图。

3-12 试用顺序控制法实现下列彩灯的自动控制。控制要求如下：

按下启动按钮，第一花样绿灯亮；10 s 后，第二花样蓝灯亮；20 s 后，第三花样红灯亮；10 s 后返回第一花样，如此循环，并仅第三花样后方可停。

要求：（1）写出 I/O 地址分配；

（2）绘制出 PLC 外部接线图；

（3）画出顺序功能图及对应梯形图。

3-13 液体混合装置如题图所示，阀 A、阀 B 和阀 C 为电磁阀，线圈通电时打开，线圈断电时关闭。开始时容器是空的，各阀门均关闭，各限位开关均为 0 状态。按下启动按钮后，打开阀 A，液体 A 流入容器，中限位开关变为 ON 时，关闭阀 A，打开阀 B，液体 B 流入容器。液面升到上限位开关时，关闭阀 B，电机 M 开始运行，搅拌液体，60 s 后停止搅拌，打开阀 C，放出混合液，当液面下降至下限位开关（OFF）之后再 5 s，容器放空，关闭阀 C，打开阀 A，又开始下一周期的操作。循环工作 3 个周期后停止操作，系统返回初始状态。试用 PLC 完成上述要求。

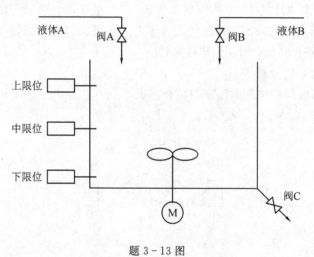

题 3-13 图

项目四　常用功能指令的应用

学习任务1　音乐喷泉的 PLC 控制

【任务描述】

城市夜间光环境和景观已成为城市风貌不可分离的一部分，亮丽的城市夜景不仅可以为人们的夜间活动创造一个良好的环境，丰富人们的夜生活，而且对繁荣经济、发展旅游业、树立和表现一个城市的夜间形象，营造浓厚的文化氛围等具有十分重要的意义。

现有一广场需要设计一个灯光模拟音乐喷泉，如图4-1-1所示，其控制要求如下：

（1）置位启动开关 SD 为 ON 时，LED 指示灯依次循环显示 1→2→3…→8→1、2→3、4→5、6→7、8→1、2、3→4、5、6→7、8→1、2、3、4、5、6、7、8→1→2…，模拟当前喷泉"水流"状态。

（2）置位启动开关 SD 为 OFF 时，LED 指示灯停止显示，系统停止工作。

本任务将用到传送指令、移位指令和比较指令。

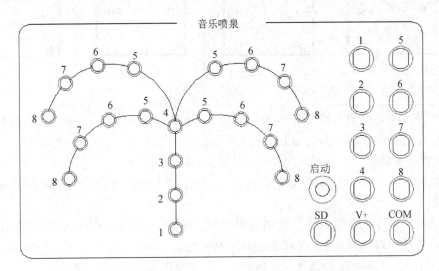

图 4-1-1　灯光模拟的音乐喷泉

【任务要求】

（1）了解数据传送指令、移位指令、比较指令的含义。

（2）掌握移位寄存器指令设计程序。

（3）以小组为单位，在小组内通过分析、对比、讨论，决策出最优的实施步骤方案，由小组长进行任务分工，完成工作任务。

【能力目标】

（1）学会 I/O 分配表的设置。

（2）掌握绘制 PLC 硬件接线图的方法并能正确接线。

（3）培养创新改造、独立分析和综合决策能力。

（4）培养团队协助、与人沟通和正确评价能力。

【知识链接】

一、传送指令

1. 单一传送指令

单一传送指令（MOV）的格式如表 4-1-1 所示。

表 4-1-1　单一传送指令的指令格式

项目	字节传送	字传送	双字传送	实数传送
LAD	MOV_B EN　ENO IN　OUT	MOV_W EN　ENO IN　OUT	MOV_DW EN　ENO IN　OUT	MOV_R EN　ENO IN　OUT
STL	MOVB IN, OUT	MOVW IN, OUT	MOVD IN, OUT	MOVR IN, OUT

其中，EN 为使能输入端；ENO 为使能输出端；IN 为源操作数；OUT 为目标操作数。

功能：当使能输入端 EN 接通时，把 IN 的内容传送到 OUT 所指的存储单元，传送过程不改变数据原值。

数据类型：IN 和 OUT 的数据类型应保持一致，即它们均为字节/字/双字/实数。

说明：

（1）MOV 指令的后缀为该指令的数据类型：B 代表存取的是字节、W 代表存取的是字、D(W) 代表存取的是双字、R 代表存取的是实数。

（2）IN、OUT 和指令的数据长度应相同，但源操作数 IN 可以为常数。

（3）数据一经传送成功，即使之后 EN 端断开，OUT 的内容也会保持传送后的结果，不会自动清零，这是和线圈输出不同的地方。

【例 4-1-1】PLC 开机运行时，字变量 VW10 设初值 1000、字节变量 VB0 清零。

【解】根据控制要求，编写的控制程序如图 4-1-2 所示。

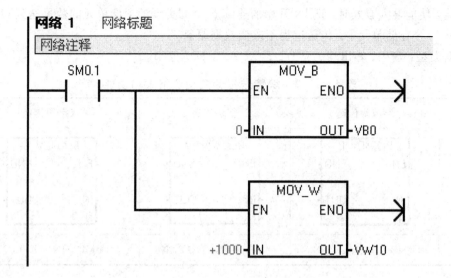

图 4 - 1 - 2　传送指令的应用

注意：MOV 指令的数据类型和 IN、OUT 的数据类型应保持一致。

【**例 4 - 1 - 2**】按下启动按钮 I0.0，8 个彩灯同时点亮，按下停止按钮 I0.1，8 个彩灯同时熄灭，用数据传送指令实现，8 个彩灯分别由 Q0.0～Q0.7 驱动。

【**解**】根据控制要求，可见按下 I0.0 时，Q0.0～Q0.7 同时点亮，即状态都为 1，如果 QB0 用二进制表示，则为 2♯1111 1111；如果 QB0 用十六进制表示，则为 16♯FF；如果 QB0 用十进制表示，则为 255。按下 I0.1，Q0.0～Q0.7 同时熄灭，即状态都为 0。编写控制程序如图 4 - 1 - 3 所示。

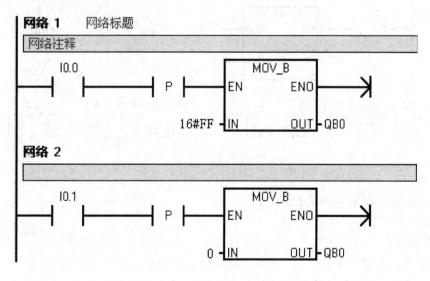

图 4 - 1 - 3　8 个彩灯的 PLC 控制程序

2. 块传送指令

块传送指令（BM）的格式如表 4 - 1 - 2 所示。

功能：使能输入有效时，把 IN 开始的连续 N 个同类型的存储单元的数据送到 OUT 开始的连续 N 个存储单元中。传送过程不改变数据原值。

数据类型：输入、输出均为字节(字/双字)，N 为字节。

表 4-1-2　块传送指令的指令格式和功能

项目	字节块传送	字块传送	双字块传送
LAD	BLKMOV_B EN　ENO IN　OUT N	BLKMOV_W EN　·　ENO IN　OUT N	BLKMOV_B EN　ENO IN　OUT N
STL	BMB　IN，OUT，N	BMW　IN，OUT，N	BMD　IN，OUT，N

说明：

(1) 操作码中的 B(字节)、W(字)、D(双字)代表被传送数据的类型。

(2) 源操作数和目标操作数的长度相同，N 可为常数也可为字节型存储单元，最大值为 255。

【例 4-1-3】使用块传送指令，把 VB10～VB14 的五个字节的内容传送到 VB100～VB104 的单元中，启动信号为 I0.0。设 VB10～VB14 的五个字节的存储数据分别为 31～35。

【解】根据要求编写程序，如图 4-1-4 所示。

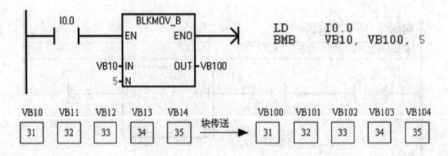

图 4-1-4　块传送指令的应用

二、移位指令与循环移位指令

1. 移位指令

左移指令的格式如表 4-1-3 所示，右移指令的格式如表 4-1-4 所示。

功能：当使能输入端 EN 接通时，把 IN 中的数据向左或者右移动 N 位后，将移位后的结果存到 OUT 所指定的存储单元中。

数据类型：输入、输出均为字节(字/双字)，N 为字节。

表 4 - 1 - 3 左移指令 SHL 的指令格式

项目	字节	字	双字
LAD	SHL_B EN ENO IN OUT N	SHL_W EN ENO IN OUT N	SHL_DW EN ENO IN OUT N
STL	SLB OUT, N	SLW OUT, N	SLD OUT, N

表 4 - 1 - 4 右移指令 SHR 的指令格式

项目	字节	字	双字
LAD	SHR_B EN ENO IN OUT N	SHR_W EN ENO IN OUT N	SHR_DW EN ENO IN OUT N
STL	SRB OUT, N	SRW OUT, N	SRD OUT, N

说明：

（1）移出端与 SM1.1（溢出）相连，所以最后被移出的位被放到 SM1.1 位存储单元，另一端自动用 0 补齐。当存储单元的内容全部移出时，如果移位结果为 0，零标志位 SM1.0 被置 1。

（2）指令、源操作数和目标操作数三者的长度一致，N 可为常数也可为字节型存储单元。数据类型为字节时，N 最大实际可移次数为 8；数据类型为字时，N 最大实际可移次数为 16；数据类型为双字时，N 最大实际可移次数为 32。如果 N 超过最大实际可移位次数，结果将为 0。

2. 循环移位

循环左移指令的格式如表 4 - 1 - 5 所示，循环右移指令的格式如表 4 - 1 - 6 所示。

功能：当使能输入端 EN 接通时，将 IN 存储单元的数据向左或向右循环移动 N 位后，将结果存到 OUT 所指定的存储单元中。

数据类型：输入、输出均为字节（字/双字），N 为字节。

说明：

（1）使能端 EN 有效时，移出端的数据回到另一端，同时移出端还与 SM1.1（溢出）相连，所以最后被移出的位还被放到 SM1.1 位存储单元。

（2）操作数和目标操作数的长度相同，N 可为常数也可为字节型存储单元。N 最大实际可移次数为系统设定值取以 8 为底的模所得的结果。

表 4 - 1 - 5　循环左移指令 ROL 的指令格式

项目	字节	字	双字
LAD	ROL_B EN　　ENO IN　　OUT N	ROL_W EN　　ENO IN　　OUT N	ROL_DW EN　　ENO IN　　OUT N
STL	RLB　OUT, N	RLW　OUT, N	RLD　OUT, N

表 4 - 1 - 6　循环右移指令 ROR 的指令格式

项目	字节	字	双字
LAD	ROR_B EN　　ENO IN　　OUT N	ROR_W EN　　ENO IN　　OUT N	ROR_DW EN　　ENO IN　　OUT N
STL	RRB　OUT, N	RRW　OUT, N	RRD　OUT, N

在图 4 - 1 - 5(a)所示移位指令和循环移位指令的应用程序中，我们按一下 I2.1 后，VB20 和 VB0 里的数据变化如图 4 - 1 - 5(b)所示。我们可以看出：VB20 里的数据左移了 4 位，原数据的高 4 位被低 4 位取代，低 4 位补了 4 个 0；VB0 里的数据右移 3 位，低 3 位的数据被移到高 3 位了。由此我们可以看出移位指令和循环移位指令的区别。

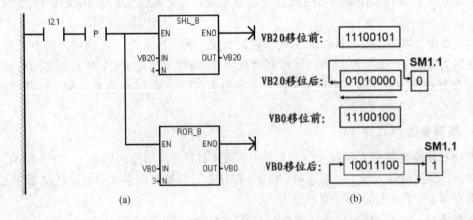

(a)　　　　　　　　　　　　　　　　　　(b)

图 4 - 1 - 5　移位指令与循环移位指令的应用

【例 4 - 1 - 4】用 I0.0 控制 8 个彩灯循环移位，从左到右以 2 s 的速度依次 2 个为一组点亮；保持任意时刻只有 2 个灯亮，到达最右端后，再依次点亮；按下 I0.1 后，彩灯循环停止并全部熄灭。

【解】根据要求编写程序，如图 4 - 1 - 6 所示。

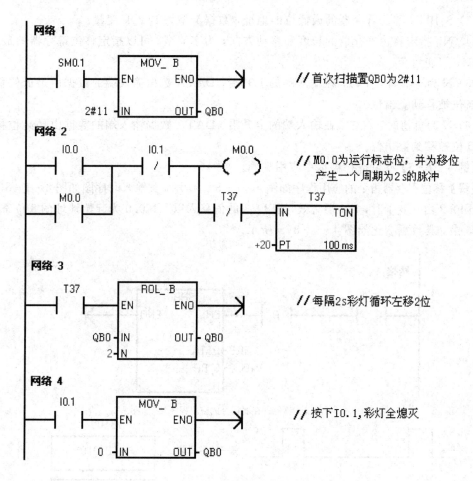

图 4-1-6 彩灯循环移位的控制程序

三、移位寄存器

移位寄存器指令的指令结构如图 4-1-7 所示。

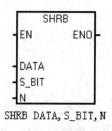

图 4-1-7 移位寄存器指令的指令结构

说明:

(1) 移位条件:EN 输入端由断开变接通时,整个移位寄存器进行一次移位,每移一位需要一个脉冲信号,移位几次就要有几个脉冲信号,因此移位条件一定是一个脉冲信号。

(2) DATA:数据输入端,将该位的值移入移位寄存器;数据类型为 BOOL 变量。

（3）S_BIT：移位寄存器的最低位的地址，数据类型为 BOOL 变量。

（4）N：指定移位寄存器的长度和移动方向，为字节型，可以指定移位寄存器的最大长度为 64，可正可负。

（5）N 为正值时，左移，在输入端的上升沿，DATA 数据输入端的数据由最低位移入，在最高位被移到溢出位。

（6）N 为负值时，右移，在输入端的上升沿，DATA 数据输入端的数据由最高位移入，在最低位被移到溢出位。

【例 4-1-5】移位寄存器指令应用举例。

【解】移位寄存器指令的应用程序如图 4-1-8(a)所示，其输入时序图如图 4-1-8(b)所示，当 I0.2 由 0 变 1 时，EN 端有效，把 I0.3 的值移入以 V100.0 为起始地址的 8 位寄存器 VB100 中，其数据变化如图 4-1-8(c)所示。

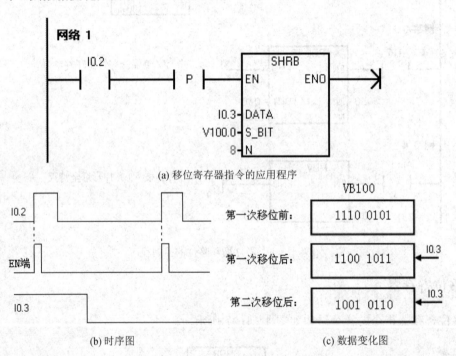

(a) 移位寄存器指令的应用程序

(b) 时序图　　　　　　　　(c) 数据变化图

图 4-1-8　移位寄存器指令的应用

四、比较指令

1. 比较指令

比较指令是将 IN1 和 IN2 按指定条件进行比较，如果条件满足，则触点闭合，否则触点断开。在实际应用中，它为上下限控制以及为数值条件判断提供了方便。

比较运算符有 6 种：＝（等于）、＞＝（大于等于）、＜＝（小于等于）、＞（大于）、＜（小于）、＜＞（不等于）。

操作数的数据类型可以是字节（B）、整型（I）、双整型（DI）、实数（R）和字符串（S）。

2. 指令格式

比较指令类型：字节比较、整型比较、双整型比较、实数比较和字符串比较。

比较指令格式如表 4 - 1 - 7 所示。

表 4 - 1 - 7 比较指令格式

比较方式	比 较 指 令 类 型				
	字节比较	整型比较	双整型比较	实数比较	字符串比较
等于 =	IN1 ─┤ ==B ├─ IN2 LDB= IN1, IN2 AB= IN1, IN2 OB= IN1, IN2	IN1 ─┤ ==I ├─ IN2 LDW= IN1, IN2 AW= IN1, IN2 OW= IN1, IN2	IN1 ─┤ ==D ├─ IN2 LDD= IN1, IN2 AD= IN1, IN2 OD= IN1, IN2	IN1 ─┤ ==R ├─ IN2 LDR= IN1, IN2 AR= IN1, IN2 OR= IN1, IN2	IN1 ─┤ ==S ├─ IN2 LDS= IN1, IN2 AS= IN1, IN2 OS= IN1, IN2
不等于 <>	IN1 ─┤ <>B ├─ IN2 LDB<>IN1, IN2 AB<> IN1, IN2 OB<> IN1, IN2	IN1 ─┤ <>I ├─ IN2 LDW<>IN1, IN2 AW<> IN1, IN2 OW<> IN1, IN2	IN1 ─┤ <>D ├─ IN2 LDD<>IN1, IN2 AD<> IN1, IN2 OD<> IN1, IN2	IN1 ─┤ <>R ├─ IN2 LDR<> IN1, IN2 AR<> IN1, IN2 OR<> IN1, IN2	IN1 ─┤ <>S ├─ IN2 LDS<>IN1, IN2 AS<> IN1, IN2 OS<> IN1, IN2
小于 <	IN1 ─┤ <B ├─ IN2 LDB< IN1, IN2 AB< IN1, IN2 OB< IN1, IN2	IN1 ─┤ <I ├─ IN2 LDW< IN1, IN2 AW< IN1, IN2 OW< IN1, IN2	IN1 ─┤ <D ├─ IN2 LDD< IN1, IN2 AD< IN1, IN2 OD< IN1, IN2	IN1 ─┤ <R ├─ IN2 LDR< IN1, IN2 AR< IN1, IN2 OR< IN1, IN2	
小于等于 <=	IN1 ─┤ <=B ├─ IN2 LDB<= IN1, IN2 AB<= IN1, IN2 OB<= IN1, IN2	IN1 ─┤ <=I ├─ IN2 LDW<= IN1, IN2 AW<= IN1, IN2 OW<= IN1, IN2	IN1 ─┤ <=D ├─ IN2 LDD<= IN1, IN2 AD<= IN1, IN2 OD<= IN1, IN2	IN1 ─┤ <=R ├─ IN2 LDR<= IN1, IN2 AR<= IN1, IN2 OR<= IN1, IN2	

比较方式	比 较 指 令 类 型				
	字节比较	整数比较	双整数比较	实数比较	字符串比较
大于 >	IN1 ┤>B├ IN2 LDB> IN1, IN2 AB> IN1, IN2 OB> IN1, IN2	IN1 ┤>I├ IN2 LDW> IN1, IN2 AW> IN1, IN2 OW> IN1, IN2	IN1 ┤>D├ IN2 LDD> IN1, IN2 AD> IN1, IN2 OD> IN1, IN2	IN1 ┤>R├ IN2 LDR> IN1, IN2 AR> IN1, IN2 OR> IN1, IN2	
大于等于 >=	IN1 ┤>=B├ IN2 LDB>= IN1, IN2 AB>= IN1, IN2 OB>= IN1, IN2	IN1 ┤>=I├ IN2 LDW>= IN1, IN2 AW>= IN1, IN2 OW>= IN1, IN2	IN1 ┤>=D├ IN2 LDD>= IN1, IN2 AD>= IN1, IN2 OD>= IN1, IN2	IN1 ┤>=R├ IN2 LDR>= IN1, IN2 AR>= IN1, IN2 OR>= IN1, IN2	

注意： 比较指令的操作数为定时器 T 或计数器 C 时，取用的是它们的当前值（16 位的有符号数），因此这时数据类型为整型 I。

【例 4-1-6】当开关 S 闭合，十字路口车道和人行道的交通信号灯按图 4-1-9 所示时序工作；当开关 S 断开，所有信号灯全灭。

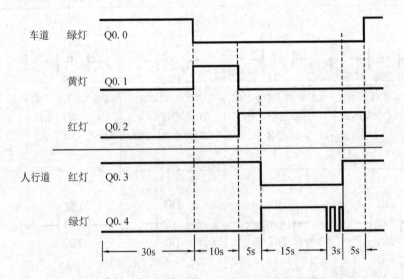

图 4-1-9　十字路口车道和人行道的交通信号灯时序图

【解】分析控制要求，可见十字路口车道和人行道的交通灯工作周期为 68 s。

　　在每个周期里，车道上，第 0 s 到第 30 s，绿灯亮；第 30 s 到第 40 s，黄灯亮；第 40 s 到第 68 s，红灯亮。

　　在每个周期里，人行道上，第 0 s 到 45 s，红灯亮；第 45 s 到第 60 s，绿灯亮；第 60 s 到 63 s，绿灯闪；第 63 s 到 68 s，红灯亮。

　　对应参考程序如图 4 - 1 - 10 所示。

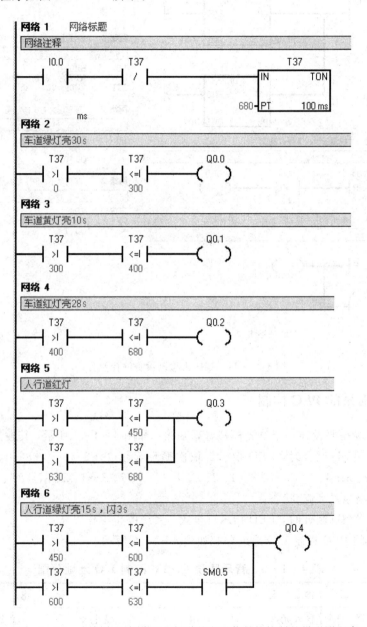

图 4 - 1 - 10　十字路口车道和人行道的交通信号灯控制的梯形图程序

【例 4 - 1 - 7】某压力检测设备，压力值的上限是 20，下限是 7.6，正常压力时绿灯亮，非正常压力时红灯亮。

【解】程序如图 4 - 1 - 11 所示。

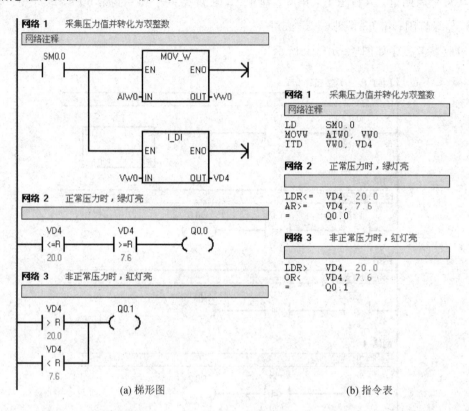

（a）梯形图　　　　　　　　　　　（b）指令表

图 4 - 1 - 11　某压力检测设备的控制程序

实训：音乐喷泉的 PLC 控制

现有一广场需要设计一个灯光模拟音乐喷泉，如图 4 - 1 - 1 所示，其控制要求如下：

当启动开关 SD 闭合时，LED 指示灯依次循环显示 1→2→3…→8→1、2→3、4→5、6→7、8→1、2、3→4、5、6→7、8→1、2、3、4→5、6、7、8→1、2、3、4、5、6、7、8→1→2…，模拟当前喷泉"水流"状态；

当启动开关 SD 断开时，LED 指示灯全灭，系统停止工作。

音乐喷泉的 PLC 控制 I/O 地址分配如表 4 - 1 - 8 所示。

表 4 - 1 - 8　音乐喷泉的 PLC 控制 I/O 地址分配

输　　入			输　　出	
输入继电器	输入元件	作用	输出继电器	输出元件
I0.0	开关 S	启动	Q0.0～Q0.7	8 个指示灯

音乐喷泉的 PLC 控制线路图如图 4 - 1 - 12 所示。

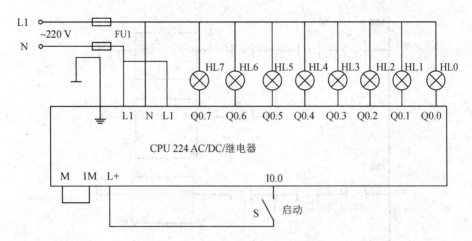

图 4-1-12　音乐喷泉的 PLC 控制线路

音乐喷泉的 PLC 控制参考梯形图如图 4-1-13 所示。

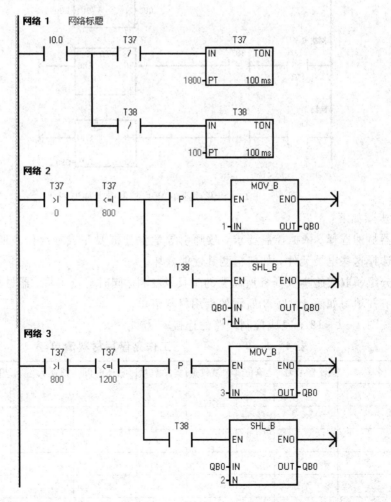

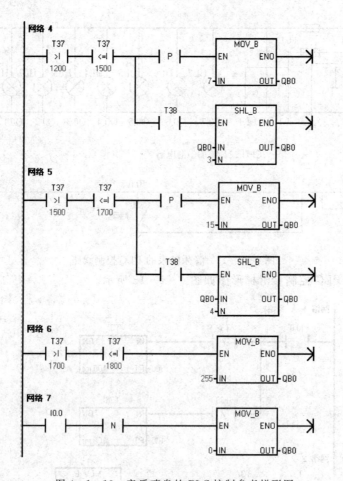

图 4 - 1 - 13　音乐喷泉的 PLC 控制参考梯形图

实训步骤如下：

（1）器材的选择。依据控制要求，教师引导学生分析要完成本次任务所需哪些电器元件，如何选择这些电器元件，如何检测其性能好坏。

（2）分组领取实施本次任务所需要的工具及材料，同时清点工具、器材与耗材，检查各元件质量，并填写如表 4 - 1 - 9 所示的借用材料清单。

（3）按图 4 - 1 - 12，完成控制线路的连接。

表 4 - 1 - 9　　　　　　　工作岛借用材料清单

序号	名称	规格型号	单位	申领数量	实发数量	归还时间	归还人签名	管理员签名	备注

（4）检测线路。教师引导学生根据工作要求进行接线检查。

根据工作要求，为确保人身安全，在通电试车时，要认真执行安全操作规程的有关规定，经教师检查并现场监护才能通电试车。

（5）接通电源，将模式开关置于"STOP"位置。

（6）启动编程软件，将编译无误的控制程序下载至 PLC 中，并将模式选择开关拨至 RUN 状态。

（7）监控调试程序。在编程软件下，监控调试程序，观察是否能实现电动机的正反转控制，并记录实训结果。

（8）教师检查完毕，学生保存工程文档，断开电源总线，拆除线路，整理实训桌面。

 完成了，仔细检查，客观评价，及时反馈。

【任务评价】

（1）展示：各小组派代表展示任务实施效果，并分享任务实施经验。

（2）评价：见表 4-1-10。

表 4-1-10　音乐喷泉的 PLC 控制任务评价

班　　级：＿＿＿＿＿＿＿＿　　指导教师：＿＿＿＿＿＿＿＿

小　　组：＿＿＿＿＿＿＿＿

姓　　名：＿＿＿＿＿＿＿＿　　日　　期：＿＿＿＿＿＿＿＿

评价项目	评价标准	评价依据	评价方式			权重	得分小计
			学生自评（20%）	小组互评（30%）	教师评价（50%）		
职业素养	1. 遵守企业规章制度、劳动纪律； 2. 按时按质完成工作任务； 3. 积极主动承担工作任务，勤学好问； 4. 人身安全与设备安全； 5. 工作岗位 6S 完成情况	1. 出勤； 2. 工作态度； 3. 劳动纪律； 4. 团队协作精神				0.3	
专业能力	1. 了解传送指令的应用； 2. 掌握移位指令和循环移位指令的区别； 3. 掌握比较指令的应用； 4. 完成 S7-200 型 PLC 与开关、按钮、指示灯等元器件之间的导线连接	1. 操作的准确性和规范性； 2. 工作页或项目技术总结完成情况； 3. 专业技能任务完成情况				0.5	

续表

| 评价项目 | 评价标准 | 评价依据 | 评价方式 | | | 权重 | 得分小计 |
			学生自评（20％）	小组互评（30％）	教师评价（50％）		
创新能力	1. 在任务完成过程中能提出自己有一定见解的方案； 2. 在教学或生产管理上提出建议，具有创新性	1. 方案的可行性及意义； 2. 建议的可行性				0.2	
合计							

学习任务 2　抢答器的 PLC 控制

【任务描述】

在竞赛或娱乐节目中都采用抢答器，工厂、学校和电视台等单位常举办各种智力比赛，抢答器是必要设备。抢答器是一名公正的裁判员，它的任务是从若干名参赛者中确定出最先的抢答者，其准确性和灵活性均得到了广泛使用。采用 PLC 控制抢答器是常见的方法，基本控制面板如图 4-2-1 所示。

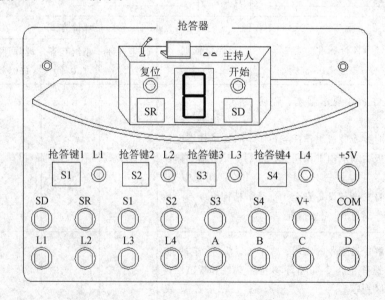

图 4-2-1　抢答器示意图

控制要求：

（1）系统初始上电后，主控人员在总控制台上点击"开始"按钮后，允许各队人员开始抢答，即各队抢答按键有效。

（2）抢答过程中，1～4 队中的任何一队抢先按下各自的抢答按钮（S1、S2、S3、S4）后，该队对应的指示灯（L1、L2、L3、L4）点亮，LED 数码显示管显示当前的队号，同时蜂鸣器发出响声（持续 2 s 停止），这时其他队的人员继续抢答无效。

（3）主控人员对抢答状态确认后，点击"复位"按钮，系统又继续允许各队人员开始抢答；直至又有一队抢先按下各自的抢答按键。

本次任务中，我们将用到七段显示译码指令 SEG。

【任务要求】

（1）掌握七段显示译码指令 SEG 的使用。

（2）掌握 BCD 码转换指令的含义。

（3）掌握 PLC 抢答器控制程序的设计方法。

（4）以小组为单位，在小组内通过分析、对比、讨论，决策出最优的实施步骤方案，由小组长进行任务分工，完成工作任务。

【能力目标】

（1）学会 I/O 分配表的设置。

（2）掌握绘制 PLC 硬件接线图的方法并能正确接线。

（3）培养创新改造、独立分析和综合决策能力。

（4）培养团队协助、与人沟通和正确评价能力。

【知识链接】

一、七段显示译码指令

1. 七段数码管与显示代码

七段数码管可以显示数字 0～9 和十六进制数字 A～F。图 4-2-2 所示为发光二极管组成的七段数码管外形与内部结构，七段数码管分共阳极结构和共阴极结构。

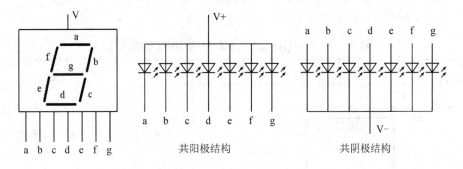

图 4-2-2　七段数码管

以共阴极数码管为例,a~g 段分别对应 OUT 字节的第 0 位~第 6 位,OUT 的某位为 1 时,其对应的段亮,OUT 的某位为 0 时,其对应的段暗。将字节的第 7 位补 0,则构成与七段显示器相对应的 8 位编码,称为七段显示码。

数字 0~9 与七段显示 OUT 的对应如表 4-2-1 所示。

表 4-2-1　十进制数字与七段显示电平和显示代码的逻辑关系

| 数字 IN | 七段显示 OUT | | | | | | | 十六进制 |
十进制	g	f	e	d	c	b	a	显示代码
0	0	1	1	1	1	1	1	16#3F
1	0	0	0	0	1	1	0	16#06
2	1	0	1	1	0	1	1	16#5B
3	1	0	0	1	1	1	1	16#4F
4	1	1	0	0	1	1	0	16#66
5	1	1	0	1	1	0	1	16#6D
6	1	1	1	1	1	0	1	16#7D
7	0	1	0	0	1	1	1	16#27
8	1	1	1	1	1	1	1	16#7F
9	1	1	0	1	1	1	1	16#6F

从表 4-2-1 可看得出,对要显示的数码,如果需要计算出对应的七段显示代码,计算比较麻烦,PLC 有一条指令,可以自动编译出待显示数码的七段显示码。

2. 七段显示译码指令

七段显示译码指令 SEG 梯形图、指令表等指令格式如表 4-2-2 所示。

注意:IN 和 OUT 为字节型单元。

表 4-2-2　七段显示译码指令 SEG 的指令格式

| 指令名称 | 格　式 | | 指 令 描 述 |
	LAD	STL	
| 七段显示译码指令 | ```
    SEG
─EN    ENO─

─IN    OUT─
``` | SEG IN, OUT | 当使能输入 EN 接通时,IN 低 4 位有效数字产生相应的七段显示码,并将其输出到 OUT 指定的单元中 |

【**例 4-2-1**】若按钮 I0.1、I0.2、I0.3、I0.4 分别对应数字 1、2、3、4。若按下 I0.0,数
```

码显示管熄灭。

【解】Q0.0~Q0.6 分别对应数码显示管 a~g 段，对应程序如图 4-1-3 所示。

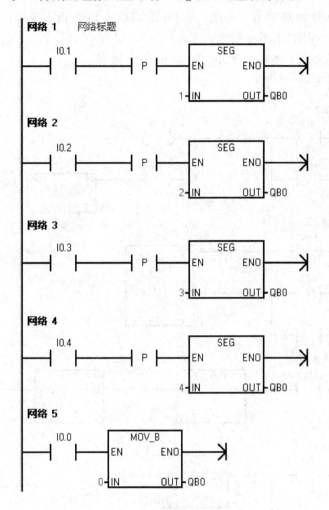

图 4-2-3　例 4-2-1 参考程序

【例 4-2-2】试用 PLC 完成"0~9"的循环显示。

【解】(1) I/O 地址分配如表 4-2-3 所示。

表 4-2-3　I/O 地址分配

输　入			输　出	
输入继电器	输入元件	作用	输出继电器	输出元件
I0.0	SB1	启动	Q0.0~Q0.6	数码管 a~g 段
I0.1	SB2	停止		

（2）按下 I0.0 对应按钮，T37 产生周期为 1 s 的脉冲信号，T37 只有一个扫描周期的时间为 1 状态。每 1 s 将计数器 C0 当前值加 1，计数器的当前值是 16 位的有符号数，由于 SEG 指令的操作数只能是字节，因此，把 C0 的当前值传送到 VW10，数值实际存储在 VB11，SEG 指令对 VB11 操作，则数码管依次显示出"0~9"，每个数字显示 1 s。

按下 I0.1 对应按钮，将存储单元 VW10 和 QB0 清零。

参考程序如图 4-2-4 所示。

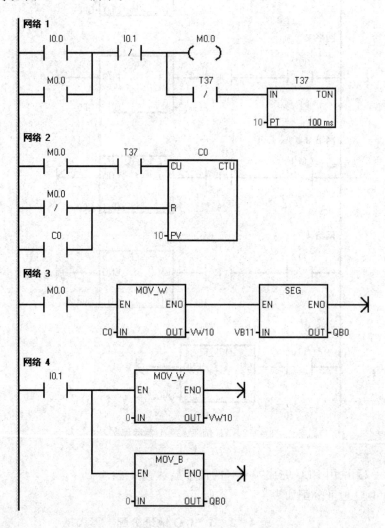

图 4-2-4 例 4-2-2 参考程序

3. 多位数码显示

当显示的数码为多位时，就要并列使用多个数码管。以 2 位数码显示为例，十进制数为 0~99。

如果显示 2 位的十进制数，要先用 BCD 码转换指令将 2 位十进制数换成 8 位的 BCD 码，再对 BCD 码的高 4 位和低 4 位分别用 SEG 指令进行译码。

（1）十进制和 BCD 码的对应关系如表 4-2-4 所示。

表 4 - 2 - 4　十进制和 BCD 码的对应关系

十进制	BCD 码	十进制	BCD 码	十进制	BCD 码
0	0000	10	0001 0000	20	0010 0000
1	0001	11	0001 0001	25	0010 0101
2	0010	12	0001 0010	36	0011 0110
3	0011	13	0001 0011	50	0101 0000
4	0100	14	0001 0100	89	1000 1001
5	0101	15	0001 0101	123	0001 0010 0011
6	0110	16	0001 0110	256	0010 0101 0110
7	0111	17	0001 0111	512	0101 0001 0010
8	1000	18	0001 1000	2680	0010 0110 1000 0000
9	1001	19	0001 1001	9999	1001 1001 1001 1001

（2）BCD 码转换指令格式如表 4 - 2 - 5 所示。

表 4 - 2 - 5　BCD 码转移指令的指令格式

指令名称	格　式		指令描述
	LAD	STL	
整数至 BCD 转换指令	I_BCD EN　ENO IN　OUT	IBCD OUT	当使能输入 EN 有效时，将整数型输入 IN 转换成 BCD 码，并且将结果送到 OUT 输出

说明：

（1）IN 和 OUT 数据类型为字。

（2）IN 的范围为 0～9999。

（3）在 OUT 中，每 4 位表示 1 位的十进制数，从高至低分别为千位、百位、十位、各位。

【**例 4 - 2 - 3**】显示两位数字"15"。

【**解**】在图 4 - 2 - 5 的程序中，将数字"15"转换为 BCD 码存入 VW0 中，再取 VB1 的低 4 位送 QB0 显示，即 QB0 显示个位数字"5"；将 VB1 的内容右移 4 位后存入 VB10 中，再取 VB10 的低 4 位送 QB1 显示，即 QB1 显示个位数字"1"。

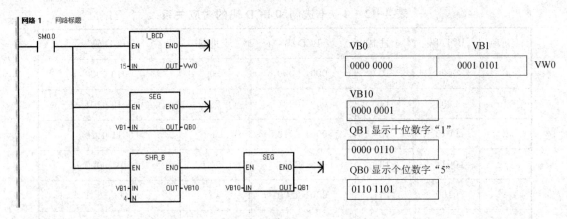

图 4-2-5　例 4-2-3 参考程序

实训：抢答器的 PLC 控制

控制要求：

（1）系统初始上电后，主持人在总控制台上点击"开始"按钮后，允许各队人员开始抢答，10 s 内若无人抢答，则抢答无效，蜂鸣器发出 5 s 断续的提示声。

（2）抢答过程中，1～4 队中的任何一队抢先按下各自的抢答按钮（S1、S2、S3、S4）后，该队对应的指示灯（L1、L2、L3、L4）点亮，LED 数码显示管显示当前队号，蜂鸣器发出响声（持续 3 s 停止），同时其他队人员继续抢答无效。

（3）主持人对抢答状态确认后，点击"复位"按钮，各指示灯均灭，LED 数码显示管熄灭，也可以复位蜂鸣器。主控人员在总控制台上点击"开始"按钮后，系统又继续允许各队人员开始抢答，直至又有一队抢先按下各自的抢答按键。

抢答器 PLC 控制的 I/O 地址分配，如表 4-2-6 所示。

表 4-2-6　抢答器 PLC 控制的 I/O 地址分配

输　　入			输　　出	
输入继电器	输入元件	作　用	输出继电器	输出元件
I0.0	SD	开始按钮	Q0.0～Q0.6	数码管 a～f 段
I0.1	S1	第一组抢答按钮	Q1.0	蜂鸣器
I0.2	S2	第二组抢答按钮	Q1.1	指示灯 L1
I0.3	S3	第三组抢答按钮	Q1.2	指示灯 L2
I0.4	S4	第四组抢答按钮	Q1.3	指示灯 L3
I0.5	SR	复位按钮	Q1.4	指示灯 L4

抢答器 PLC 控制线路如图 4-2-6 所示。

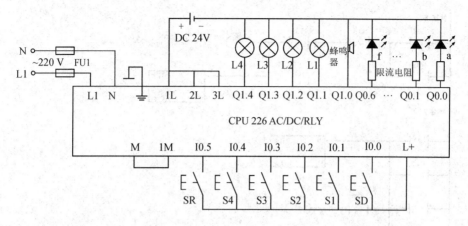

图 4-2-6　抢答器 PLC 控制线路

抢答器 PLC 控制参考梯形图如图 4-2-7 所示。

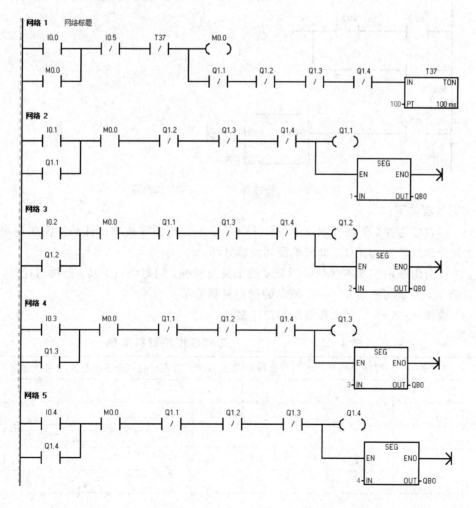

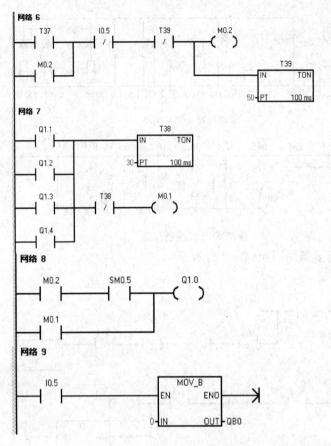

图 4-2-7　抢答器 PLC 控制参考梯形图

实训步骤如下：

（1）器材的选择。依据控制要求，教师引导学生分析要完成本次任务所需哪些电器元件，如何选择这些电器元件，如何检测其性能好坏。

（2）按分组领取实施本次任务所需要的工具及材料，同时清点工具、器材与耗材，检查各元件质量，并填写如表 4-2-7 所示的借用材料清单。

（3）按图 4-2-6，完成控制线路的连接。

表 4-2-7　_____　工作岛借用材料清单

序号	名称	规格型号	单位	申领数量	实发数量	归还时间	归还人签名	管理员签名	备注

（4）检测线路。教师引导学生根据工作要求进行接线检查。

根据工作要求为确保人身安全，在通电试车时，要认真执行安全操作规程的有关规定，经教师检查并现场监护才能通电试车。

（5）接通电源，将模式开关置于"STOP"位置。

（6）启动编程软件，将编译无误的控制程序下载至 PLC 中，并将模式选择开关拨至 RUN 状态。

（7）监控调试程序。在编程软件下，监控调试程序，观察是否能实现电动机的正反转控制，并记录实训结果。

（8）教师检查完毕，学生保存工程文档，断开电源总线，拆除线路，整理实训桌面。

 完成了，仔细检查，客观评价，及时反馈。

【任务评价】

（1）展示：各小组派代表展示任务实施效果，并分享任务实施经验。

（2）评价：见表 4 - 2 - 8。

表 4 - 2 - 8　抢答器的 PLC 控制任务评价

| 班　　级：＿＿＿＿＿＿＿　　　　指导教师：＿＿＿＿＿＿＿ |
| 小　　组：＿＿＿＿＿＿＿ |
| 姓　　名：＿＿＿＿＿＿＿　　　　日　　期：＿＿＿＿＿＿＿ |

评价项目	评价标准	评价依据	评价方式			权重	得分小计
			学生自评（20%）	小组互评（30%）	教师评价（50%）		
职业素养	1.遵守企业规章制度、劳动纪律； 2.按时按质完成工作任务； 3.积极主动承担工作任务，勤学好问； 4.人身安全与设备安全； 5.工作岗位6S完成情况	1.出勤； 2.工作态度； 3.劳动纪律； 4.团队协作精神				0.3	
专业能力	1.熟悉比较指令类型及使用； 2.了解七段数码管及显示代码； 3.掌握七段显示译码指令SEG的使用； 4.完成 S7-200 型 PLC 与开关、按钮、指示灯之间的导线连接	1.操作的准确性和规范性； 2.工作页或项目技术总结完成情况； 3.专业技能任务完成情况				0.5	

评价项目	评价标准	评价依据	评价方式			权重	得分小计
			学生自评(20%)	小组互评(30%)	教师评价(50%)		
创新能力	1.在任务完成过程中能提出自己有一定见解的方案; 2.在教学或生产管理上提出建议,具有创新性	1.方案的可行性及意义; 2.建议的可行性				0.2	
合计							

学习任务 3　停车场的 PLC 控制

【任务描述】

随着我国经济持续快速发展,汽车走进了千家万户。在商场、住宅、旅游景区等区域,停车场的应用越来越普遍,停车场管理系统也成为现代建筑不可或缺的重要部分。本任务主要运用 PLC 来完成对停车场车辆进出及停放进行管理,以及停车场的控制。

现有一停车场,最多可停 50 辆车,入口处用两位数码管显示停车数量,出/入口有传感器检测进出车辆数,入口每进一辆车,停车数量增 1,出口每出一辆车,停车数量减 1。

当场内停车数量小于 45 时,入口处绿灯亮,允许入场;等于和大于 45 时,绿灯闪烁,提醒待进车辆司机注意将满场;等于 50 时,红灯亮,禁止车辆入场。试用 PLC 完成上述控制要求。

本任务中,我们将学习加/减/乘/除法指令和增/减指令。

【任务要求】

(1) 理解加/减/乘/除法指令。

(2) 掌握增/减指令功能及应用。

(3) 能用功能指令编写控制程序。

(4) 以小组为单位,在小组内通过分析、对比、讨论,决策出最优的实施步骤方案,由小组长进行任务分工,完成工作任务。

【能力目标】

(1) 学会 I/O 分配表的设置。

(2) 掌握绘制 PLC 硬件接线图的方法并能正确接线。

(3) 掌握 PLC 的数值运算指令及使用方法。

(4) 培养创新改造、独立分析和综合决策能力。

（5）培养团队协助、与人沟通和正确评价能力。

【知识链接】

一、PLC 的数值运算指令

目前各种型号的 PLC 都具备运算功能，和其他 PLC 不同，S7-200 系列 PLC 在应用数值运算指令时需要注意存储单元的分配。

在 LAD 中，IN1、IN2 和 OUT 可以使用不一样的存储单元，这样编写的程序比较清晰易懂；但在 STL 中，OUT 要和其中一个操作数使用同一存储单元，这样用起来就比较麻烦，给编写程序带来了不便。因此，一般建议使用数值运算指令时最好使用 LAD 形式编写程序。

1. 加/减法指令

加/减法指令的格式如表 4 - 3 - 1 所示。

表 4 - 3 - 1　加/减法指令格式

指令名称	格　式		指 令 描 述
	LAD	STL	
加法指令	ADD_□ EN　ENO IN1　OUT IN2	+□ IN1, OUT	LAD 中，IN1+IN2=OUT STL 中，OUT+IN1=OUT
减法指令	SUB_□ EN　ENO IN1　OUT IN2	-□ IN1, OUT	LAD 中，IN1-IN2=OUT STL 中，OUT-IN1=OUT

说明:

（1）"□"中为指令的数据类型，可为 I/DI/R。

（2）操作数 IN1、IN2 和 OUT 的数据长度应和指令保持一致。

（3）IN1 和 IN2 可以为常数，也可以为存储单元；OUT 只能为存储单元。

【例 4 - 3 - 1】加/减法指令应用举例。

【解】在图 4 - 3 - 1 网络 1 中，若 VW0=200，则当 I0.1 接通时，VW10=300；

网络 2 中，当 I0.2 接通时，由于 SUB 指令的数据类型为整型 I(16 位)，因此 AC0 低 16 位的内容减去 200 后,结果存入 VW100 中。若 AC0＝260,则执行完程序后 VW100＝60。

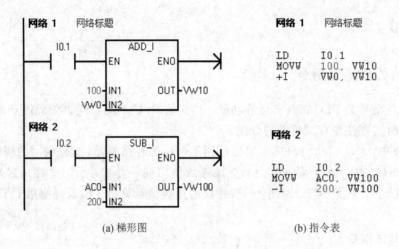

(a) 梯形图　　　　　　　　　　　　(b) 指令表

图 4 - 3 - 1　加/减法指令应用举例

2. 乘法指令

乘法指令格式如表 4 - 3 - 2 所示。

表 4 - 3 - 2　乘法指令格式

指令名称	格　式		指令描述
	LAD	STL	
一般乘法指令	MUL EN　　ENO IN1　　OUT IN2	＊□ IN1, OUT	LAD 中, IN1 ＊ IN2＝OUT STL 中, OUT ＊ IN1＝OUT
完全乘法指令	MUL_□ EN　　ENO IN1　　OUT IN2	MUL IN1, OUT	LAD 中, IN1 ＊ IN2＝OUT STL 中, OUT ＊ IN1＝OUT, 其中 OUT 的低 16 位在运算前用于存放被 乘数

说明:

(1) 一般乘法指令中,"□"为指令的数据类型,可为 I/DI/R。

(2) 一般乘法指令中,操作数 IN1、IN2 和 OUT 的数据长度应和指令保持一致。

(3) IN1 和 IN2 可以为常数,也可以为存储单元;而 OUT 只能为存储单元。

(4) 完全乘法指令中,注意 IN1 和 IN2 的数据长度为 16 位,OUT 的数据长度为 32 位。

【例 4 - 3 - 2】乘法指令应用举例。

【解】在图 4 - 3 - 2 网络 1 中，当 I0.3 接通时，VW10 的内容和 VW12 的内容相乘后，结果存入 VD20 中。若 VW10＝2000，VW12＝150，则 VD20＝300 000。

网络 2 中，当 I0.4 接通时，VW0 的内容和 VW2 的内容相乘后，结果存入 VW4 中。若 VW0＝100，VW2＝30，则 VW4＝3000。

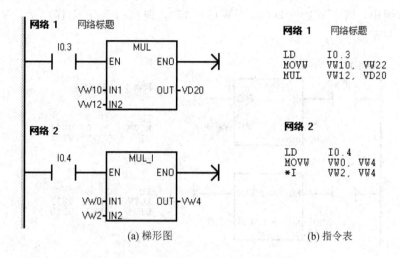

(a) 梯形图　　　　　　　　　　(b) 指令表

图 4 - 3 - 2　乘法指令应用举例

3. 除法指令

除法指令格式如表 4 - 3 - 3 所示。

表 4 - 3 - 3　除法指令格式

指令名称	格　式		指令描述
	LAD	STL	
一般除法指令	DIV_□ EN　ENO IN1　OUT IN2	/□　IN1, OUT	LAD 中，IN1/IN2＝OUT STL 中，OUT/IN1＝OUT 不保留余数
完全除法指令	DIV EN　ENO IN1　OUT IN2	DIV　IN1, OUT	LAD 中，IN1/IN2＝OUT STL 中，OUT/IN1＝OUT 保留余数

说明：

（1）一般除法指令中，"□"为指令的数据类型，可为 I/DI/R。

（2）一般除法指令中，操作数 IN1、IN2 和 OUT 的数据长度应和指令保持一致。

（3）IN1 和 IN2 可以为常数，也可以为存储单元；而 OUT 只能为存储单元。

（4）完全除法指令中，注意 IN1 和 IN2 的数据长度为 16 位，OUT 的数据长度为 32 位。其中，OUT 低 16 位存放商，高 16 位存放余数。

【例 4 - 3 - 3】除法指令应用举例。

【解】本例中，若 VW10 = 2000，VW12 = 150，则执行完下段程序后，VW24 = 13，VW30 = 50，VW32 = 13。

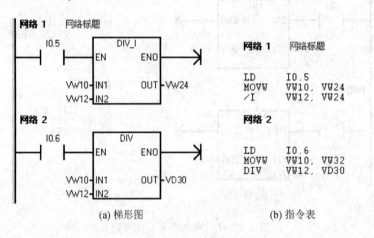

(a) 梯形图   (b) 指令表

图 4 - 3 - 3   除法指令应用举例

4. 增/减指令

增/减指令格式如表 4 - 3 - 4 所示。

表 4 - 3 - 4   增/减指令格式

指令名称	格　式		指　令　描　述
	LAD	STL	
增 1 指令	INC_□ EN ENO IN OUT	INC□ OUT	LAD 中，IN+1 = OUT STL 中，OUT+1 = OUT
减 1 指令	DEC_□ EN ENO IN OUT	DEC□ OUT	LAD 中，IN−1 = OUT STL 中，OUT−1 = OUT

说明：

（1）"□"中为指令的数据类型，可为 B/W/DW。

（2）操作数 IN12 和 OUT 的数据长度应和该指令保持一致。

（3）LAD 中，当 IN 和 OUT 为同一存储单元时，EN 端必须加边沿触发。

【例 4-3-4】增/减指令应用举例。

【解】开机将 QB0 清零；I0.1 每接通一次，QB0 的内容加 1，即（QB0）+1→（QB0）；I0.2 每接通一次，QB0 的内容减 1，即（QB0）−1→（QB0）。

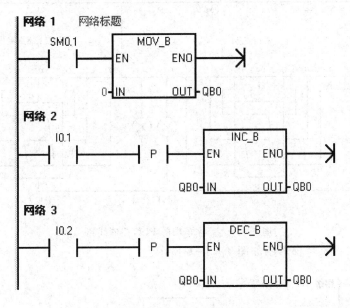

图 4-3-4 增/减指令应用举例

实训：停车场的 PLC 控制

控制要求： 某停车场最多可停 50 辆车，用两位数码管显示停车数量。用出入传感器检测进出车辆数，每进一辆车，停车数量增 1，每出一辆车，停车数量减 1。场内停车数量小于 45 时，入口处绿灯亮，允许入场；等于和大于 45 时，绿灯闪烁，提醒待进车辆司机注意将满场；等于 50 时，红灯亮，禁止车辆入场。试用 PLC 完成系统设计。

停车场的 PLC 控制的 I/O 地址分配如表 4-3-5 所示。

表 4-3-5 停车场的 PLC 控制的 I/O 地址分配

输 入			输 出	
输入继电器	输入元件	作 用	输出继电器	输出元件
I0.0	传感器 IN	检测进场车辆	Q0.6～Q0.0	个位数显示
I0.1	传感器 OUT	检测出场车辆	Q2.6～Q2.0	十位数显示
			Q1.0	绿灯，允许信号
			Q1.1	红灯，禁行信号

停车场的 PLC 控制线路如图 4-3-5 所示。

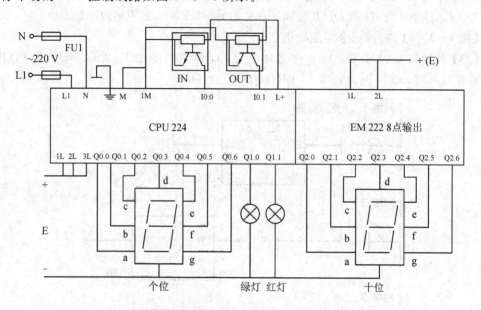

图 4-3-5 停车场的 PLC 控制线路

停车场的 PLC 参考梯形图如图 4-3-6 所示。

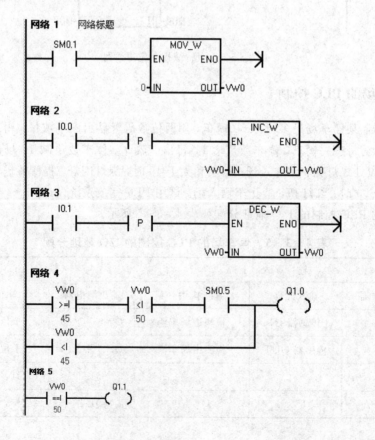

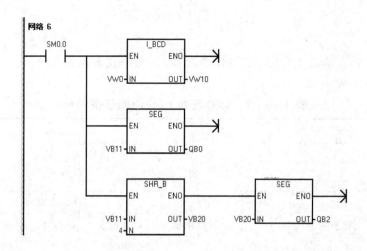

图 4-3-6 停车场的 PLC 参考梯形图

实训步骤如下：

（1）器材的选择。依据控制要求，教师引导学生分析要完成本次任务所需哪些电器元件，如何选择这些电器元件，如何检测其性能好坏。

（2）按分组领取实施本次任务所需要的工具及材料，同时清点工具、器材与耗材，检查各元件质量，并填写如表 4-3-6 所示的借用材料清单。

（3）按图 4-3-5，完成控制线路的连接。

表 4-3-6 _____ 工作岛借用材料清单

序号	名称	规格型号	单位	申领数量	实发数量	归还时间	归还人签名	管理员签名	备注

（4）检测线路。教师引导学生根据工作要求进行接线检查。

根据工作要求，为确保人身安全，在通电试车时，要认真执行安全操作规程的有关规定，经教师检查并现场监护才能通电试车。

（5）接通电源，将模式开关置于"STOP"位置。

（6）启动编程软件，将编译无误的控制程序下载至 PLC 中，并将模式选择开关拨至 RUN 状态。

（7）监控调试程序。在编程软件下，监控调试程序，观察是否能实现电动机的正反转控制，并记录实训结果。

（8）教师检查完毕，学生保存工程文档，断开电源总线，拆除线路，整理实训桌面。

完成后，仔细检查，客观评价，及时反馈。

【任务评价】

(1) 展示：各小组派代表展示任务实施效果，并分享任务实施经验。

(2) 评价：见表 4-3-7。

表 4-3-7　停车场的 PLC 控制任务评价

班　级：＿＿＿＿＿＿＿＿＿　　指导教师：＿＿＿＿＿＿＿＿＿

小　组：＿＿＿＿＿＿＿＿＿

姓　名：＿＿＿＿＿＿＿＿＿　　日　　期：＿＿＿＿＿＿＿＿＿

评价项目	评价标准	评价依据	评价方式			权重	得分小计
			学生自评（20%）	小组互评（30%）	教师评价（50%）		
职业素养	1.遵守企业规章制度、劳动纪律； 2.按时按质完成工作任务； 3.积极主动承担工作任务，勤学好问； 4.人身安全与设备安全； 5.工作岗位 6S 完成情况	1.出勤； 2.工作态度； 3.劳动纪律； 4.团队协作精神				0.3	
专业能力	1.熟悉比较指令类型及使用； 2.掌握增/减指令的功能； 3.掌握七段显示译码指令 SEG 的使用； 4.完成 S7-200 型 PLC 与开关、按钮、指示灯之间的导线连接	1.操作的准确性和规范性； 2.工作页或项目技术总结完成情况； 3.专业技能任务完成情况				0.5	
创新能力	1.在任务完成过程中能提出有一定见解的方案； 2.在教学或生产管理上提出建议，具有创新性	1.方案的可行性及意义； 2.建议的可行性				0.2	
合计							

学习任务 4　多种工作方式选择的 PLC 控制

【任务描述】

在工业生产中，我们经常使用现场控制与中控台控制。其中中控台控制主要是运行在自动模式下，一个工艺区域实现全自动运行，中控台可以控制整个区域的自动启动或停止，并可对各区域进行有限的单独动作。而现场控制通常将操作台置于可操作设备的旁边，用于检修和现场处理。设计上，通常现场优先级别更高，只有确保现场正常后才能由中控台自动启动。

本任务中，主要学习用 PLC 来实现运料小车在多个控制台间受控的设计。

【任务要求】

（1）学习 PLC 的基本电路。

（2）理解 JMP 跳转指令、LBL 标号指令的格式及应用。

（3）学习子程序的编写及应用。

（4）以小组为单位，在小组内通过分析、对比、讨论，决策出最优的实施步骤方案，由小组长进行任务分工，完成工作任务。

【能力目标】

（1）学会 I/O 分配表的设置。

（2）掌握绘制 PLC 硬件接线图的方法并能正确接线。

（3）掌握跳转指令和子程序指令的应用。

（4）培养创新改造、独立分析和综合决策能力。

（5）培养团队协助、与人沟通和正确评价能力。

【知识链接】

一、运料小车的现场手动单动控制

1. 控制要求

（1）按下左行按钮 SB1，左行 KM1 动作；松开左行按钮或到左行限位，KM1 复位。

（2）按下右行按钮 SB2，右行 KM2 动作；松开右行按钮或到右行限位，KM2 复位。

【解】（1）手动单动控制的 I/O 地址分配如表 4-4-1 所示。

表 4-4-1 手动单动控制的 I/O 地址分配

输 入 端 口			输 出 端 口	
输入继电器	输入元件	作用	输出继电器	输出元件
I0.0	左行按钮 SB1	点动左行	Q0.0	KM1
I0.1	右行按钮 SB2	点动右行	Q0.1	KM2
I0.2	左行限位 SQ1	停止左行		
I0.3	右行限位 SQ2	停止右行		

（2）手动单动控制 PLC 外围接线如图 4-4-1 所示。

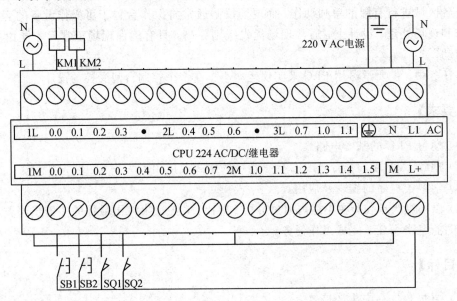

图 4-4-1　手动单动控制 PLC 外围接线

以 CPU 224 为例，CPU 模块型号为 AC/DC/继电器，使用电源 AC 220 V。输入端电源采用本机输出的 DC 24 V 电源。

输入端接线：按钮 SB1、SB2 以及限位开关 SQ1、SQ2 的其中一个端子分别接输入继电器 I0.0、I0.1、I0.2、I0.3，另一端并联后接入 DC 24 V 电源的正极（L+），DC 24 V 电源的负极（M）接输入公共端（1M）。

输出端接线：交流接触器 KM1、KM2 其中一个端子分别接输出继电器 Q0.0 和 Q0.1，另一端并联后接入 AC 220 V 电源的零线（N 端），AC 220 V 电源的火线（L1 端）接输出公共端子（1L）。

（3）梯形图程序及对应的指令表如图 4-4-2 所示。

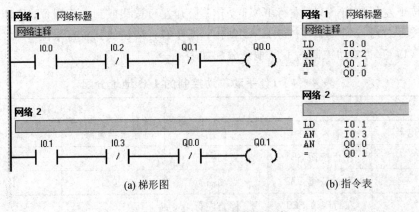

图 4-4-2　手动单动控制程序

2. 跳转、标号指令及应用

跳转、标号指令的指令格式、逻辑功能等指令属性如表 4-4-2 所示。

表 4-4-2　跳转、标号指令的格式和功能

指令名称	格　式		逻辑功能	操 作 数
	LAD	STL		
跳转指令	N —(JMP)	JMP N	跳至指定编号 N 处	N：0~255
标号指令	N LBL	LBL N	标记程序编号 N	

说明：

(1) 跳转指令：当使能输入有效时，把程序的执行跳转到同一程序指定的标号(N)处向下执行。

(2) 标记程序段：跳转指令执行时跳转到的目的位置。操作数为 0~255 的字型数据。

【例 4-4-1】某台设备具有手动/自动两种操作方式。SB3 是操作方式选择开关，当 SB3 处于断开状态时，选择手动操作方式；当 SB3 处于接通状态时，选择自动操作方式，不同操作方式进程如下：

手动操作方式进程：按启动按钮 SB2，电动机运转；按停止按钮 SB1，电动机停机。

自动操作方式进程：按启动按钮 SB2，电动机连续运转 1 min 后，自动停机。按停止按钮 SB1，电动机立即停机。

【解】(1) 手/自动控制 I/O 地址分配如表 4-4-3 所示。

表 4-4-3　手/自动控制 I/O 地址分配

输　入			输　出	
输入继电器	输入元件	作　用	输出继电器	输出元件
I0.0	KH	过载保护	Q0.0	交流接触器 KM
I0.1	SB1	停止		
I0.2	SB2	启动		
I0.3	SA	手动/自动选择		

(2) 手/自动控制 PLC 外围接线如图 4-4-3 所示。

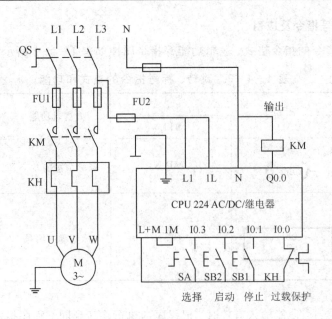

图 4-4-3　手/自动控制 PLC 外围接线

（3）梯形图程序及对应的指令表如图 4-4-4 所示。

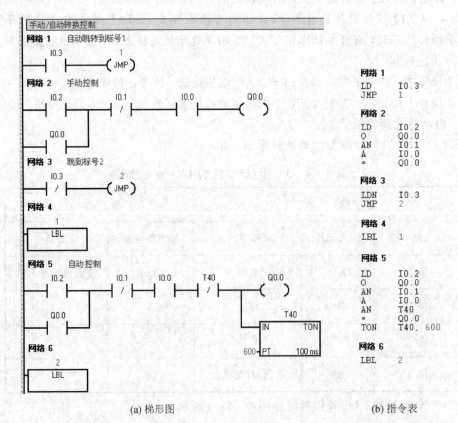

(a) 梯形图　　　　　　　　　　　　　(b) 指令表

图 4-4-4　手/自动控制程序

二、子程序的编写与应用

S7-200 PLC 的控制程序由主程序、子程序和中断程序组成。软件窗口为每 POU（程序组织单元）提供了一个独立的页。主程序总是第 1 页，后面是子程序和中断程序。

1. 建立子程序的方法

方法 1：从"编辑"菜单点击"插入"，再点击子程序，如图 4-4-5 所示。

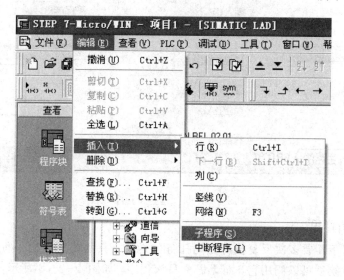

图 4-4-5　建立子程序 1

方法 2：从指令树中，用鼠标右键单击"程序块"，并从弹出菜单中选择"插入"子程序，如图 4-4-6 所示。

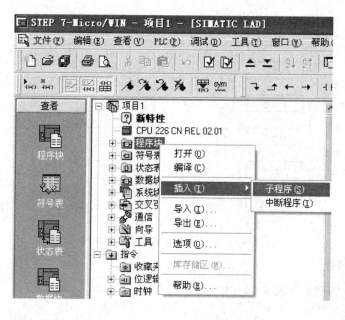

图 4-4-6　建立子程序 2

方法 3：从"程序编辑器"窗口，用鼠标右键单击子程序 SBR-0，并从弹出的快捷键菜单中选择"插入"子程序，如图 4-4-7 所示。

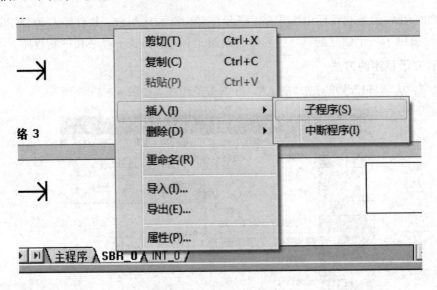

图 4-4-7　建立子程序 3

2. 子程序的作用

子程序常用于需要多次反复执行相同任务的地方，只需要写一次子程序，别的程序在需要子程序的时候就可以调用它，而无需重写该程序，如图 4-4-8 所示。

子程序的调用是有条件的，未调用它时不会执行子程序的指令，因此使用子程序还可以减少扫描时间。且使用子程序可以将程序分成容易管理的小块，使程序结构简单清晰，易于查错和维护。

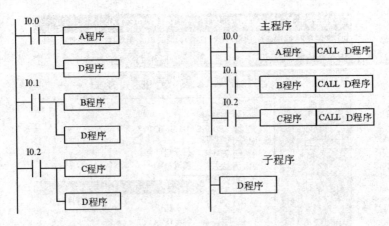

图 4-4-8　子程序调用指令及应用

3. 子程序指令

子程序指令的格式如表 4-4-4 所示。

表 4 - 4 - 4　子程序指令格式

程序名称	梯形图	语句表	指令功能
子程序调用指令	SBR_0 EN	CALL SBR-0	调用条件成立，PLC 执行相应的子程序
子程序条件返回指令	—(RET)	CRET	结束条件成立，结束子程序，返回调用处
子程序无条件返回指令	无	RET	子程序无条件返回，系统自动生成

说明：

（1）CPU 221、CPU 222、CPU 224 最多可以有 64 个子程序，CPU 224 XP、CPU 226 最多可以有 128 个子程序。

（2）子程序调用指令编在主程序中，子程序返回指令编在子程序中，子程序的标号 N 的范围是 0～63。

（3）无条件子程序返回指令（RET）为自动默认；有条件子程序返回指令为 CRET。

【例 4 - 4 - 2】应用子程序调用指令的程序如图 4 - 4 - 9 所示。程序功能是：I0.1、I0.2、I0.3 分别接通时，将相应的数据传送到 VW0、VW10，然后调用加法子程序；在加法子程序中，将 VW0、VW10 存储的数据相加，运算结果存储在 VW20，用存储数据低字节 VB21 控制输出 QB0。

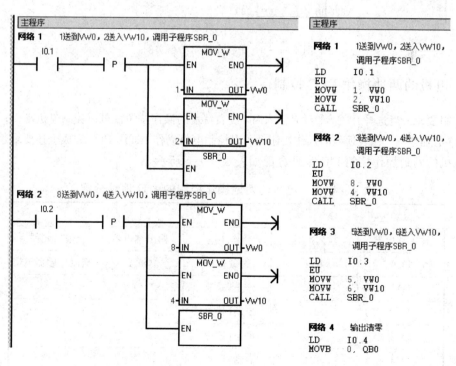

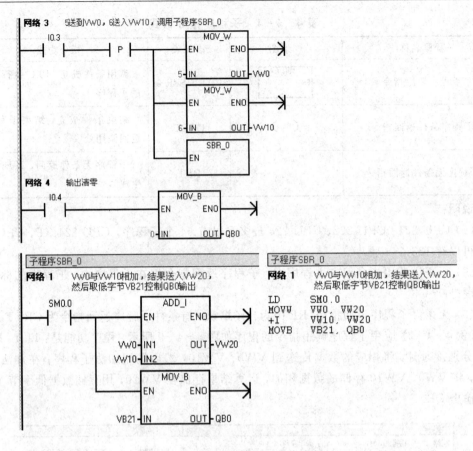

图 4 - 4 - 9　子程序调用指令实例

实训：电机的两地操作 PLC 控制

控制要求：当选择开关 SA 没有输入时，代表就地的操作按钮盒可以控制电机动作；当选择开关 SA 有输入时，代表远程的操作按钮盒可以控制电机动作。试用 PLC 完成上述要求。

电机的两地操作控制 I/O 地址分配如表 4 - 4 - 5 所示。

表 4 - 4 - 5　电机的两地操作控制的 I/O 地址分配

输　　入			输　　出	
输入继电器	输入元件	作用	输出继电器	输出元件
I0.0	KH	过载保护	Q0.2	交流接触器 KM
I0.1	SB1	停止（就地）		
I0.2	SB2	启动（就地）		
I0.3	SB3	停止（远程）		
I0.4	SB4	启动（远程）		
I0.5	SA	转换开关		

电机的两地操作控制电气原理图如图 4 - 4 - 10 所示。

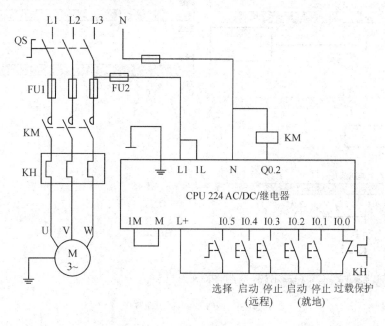

图 4 - 4 - 10　电机的两地操作控制电气原理图

电机的两地操作控制程序如图 4 - 4 - 11 所示。

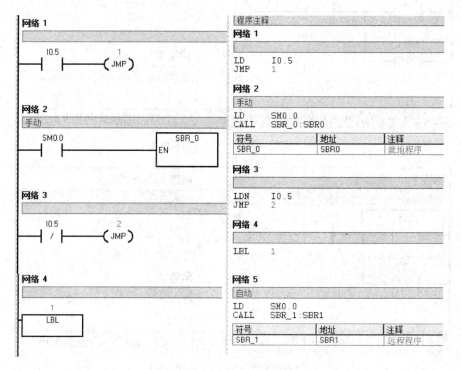

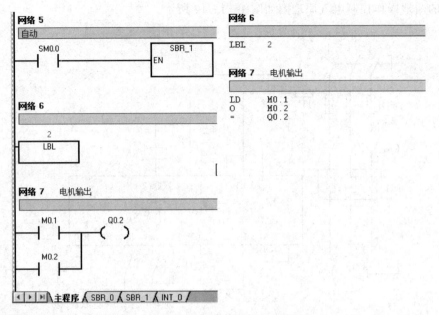

(a) 电机的两地操作控制主程序

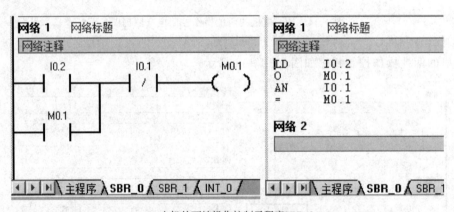

(b) 电机的两地操作控制子程序SBR_0

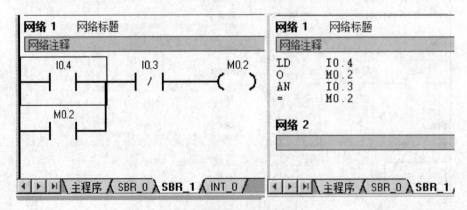

(c) 电机的两地操作控制子程序SBR_1

图 4 - 4 - 11　电机的两地操作控制程序

实训步骤如下：

（1）器材的选择。依据控制要求，教师引导学生分析要完成本次任务所需哪些电器元件，如何选择这些电器元件，如何检测其性能好坏。

（2）按分组领取实施本次任务所需要的工具及材料，同时清点工具、器材与耗材，检查各元件质量，并填写如表4-4-6所示的借用材料清单。

表4-4-6	_____		工作岛借用材料清单						
序号	名称	规格型号	单位	申领数量	实发数量	归还时间	归还人签名	管理员签名	备注

（3）按图4-4-10，在电路板上安装、固定好所有的电器元件（电动机除外），并完成线路的连接，注意工艺要求。

（4）检测线路。教师引导学生根据工作要求进行接线检查。

按电路图或接线图从电源端开始，逐段核对接线有无漏接、错接之处，检查导线接点是否符合要求，压接是否牢固，以免带负载运行时产生闪弧现象。

根据工作要求，为确保人身安全，在通电试车时，要认真执行安全操作规程的有关规定，经教师检查并现场监护才能通电试车。

（5）接通电源，将模式开关置于"STOP"位置。

（6）启动编程软件，将编译无误的控制程序下载至PLC中，并将模式选择开关拨至RUN状态。

（7）监控调试程序。在编程软件下，监控调试程序，观察是否能实现电动机的两地控制，并记录实训结果。

（8）教师检查完毕，学生保存工程文档，断开电源总线，拆除线路，整理实训桌面。

 完成后，仔细检查，客观评价，及时反馈。

【任务评价】

（1）展示：各小组派代表展示任务实施效果，并分享任务实施经验。

（2）评价：见表4-4-7。

表 4 - 4 - 7　电机的两地 PLC 控制任务评价

班　　级：_____　　　　指导教师：_____

小　　组：_____

姓　　名：_____　　　　日　　期：_____

评价项目	评价标准	评价依据	评价方式			权重	得分小计
			学生自评（20%）	小组互评（30%）	教师评价（50%）		
职业素养	1. 遵守企业规章制度、劳动纪律； 2. 按时按质完成工作任务； 3. 积极主动承担工作任务，勤学好问； 4. 人身安全与设备安全； 5. 工作岗位 6S 完成情况	1. 出勤； 2. 工作态度； 3. 劳动纪律； 4. 团队协作精神				0.3	
专业能力	1. 掌握 S7-200 型 PLC 的 JMP 跳转指令、LBL 标号指令的应用； 2. 熟悉 PLC 的子程序设计流程及程序设计方法； 3. 完成 S7-200 型 PLC 与开关、按钮及接触器之间的导线连接	1. 操作的准确性和规范性； 2. 工作页或项目技术总结完成情况； 3. 专业技能任务完成情况				0.5	
创新能力	1. 在任务完成过程中能提出有一定见解的方案； 2. 在教学或生产管理上提出建议，具有创新性	1. 方案的可行性及意义； 2. 建议的可行性				0.2	
合计							

项 目 小 结

　　本项目主要介绍了 S7-200 系列 PLC 常用功能指令及使用方法，给出了很多例题。通过学习，读者应了解常用功能指令的作用。

　　（1）与基本指令及顺控指令不同，功能指令的功能强大很多，它能完成数个动作组成的任务，使程序简洁，控制更加灵活、方便。

　　（2）本项目介绍了数据传送指令、移位指令、比较指令、七段显示译码指令、BCD 码转换指令、加/减/乘/除法指令、增/减指令、跳转指令、子程序指令等指令的功能、格式、操作数的数据类型和使用方法。

（3）使用功能指令时，应注意功能指令的数据类型和源/目标操作数的数据类型的选用范围。

习　题　4

4-1　设有 8 盏指示灯，控制要求是：当按下 SB1 时，全部灯亮；当按下 SB2 时，奇数灯亮；当按下 SB3 时，偶数灯亮；当按下 SB4 时，全部灯灭。

要求：（1）列出 I/O 分配表；

（2）写出梯形图程序。

4-2　设液体混合控制中，液体搅拌所需时间有两种选择，分别是 20 min 和 10 min，开关 S 选择时间，S 闭合选择 20 min，S 断开选择 10 min，SB1 为启动搅拌，SB2 为急停按钮，电动机 M1 控制液体搅拌。试用传送指令完成设计。

4-3　用 PLC 实现 8 个彩灯的循环点亮，用开关 S 控制移动方向。按下 SB1，彩灯以 1 s 的速度依次循环点亮，保持任意时刻只有 1 个灯亮 。按下 SB2 后，彩灯循环停止。

要求：（1）列出 I/O 分配表；

（2）完成 PLC 控制程序设计。

4-4　试用比较指令完成闪烁电路设计。按下 SB1，灯 HL1 以 5 s 的周期闪烁（亮 2 s，灭 3 s）；按下 SB2，灯 HL1 熄灭。

4-5　测试漏电断路器的分断时间（ms）放在 VW0，如果小于 10 ms，Q0.0 通；如果大于等于 10 ms 小于 50 ms，Q0.1 通；如果大于等于 50 ms 小于 100 ms，Q0.2 通；如果大于等于 100 ms，Q0.3 通，设计梯形图。

4-6　下列程序是将变量存储器 VD200 加 1，并将结果放入累加器 AC1 中。请判断程序的正误，如果错误请改正，并说明原因。

```
LD       I0.0
INCB     VD200
MOVB     VD200，AC1
```

4-7　某生产线的工件班产量是 60，按下启动按钮，传送带开始工作，接入传感器检测工件数量，工件数量小于 50 时，绿灯亮；等于或大于 50 但是小于 60 时，绿灯闪烁；等于 60 时，红灯亮，30 s 后生产线自动停机。SB2 为急停按钮。

要求：（1）写出 I/O 地址分配表；

（2）完成 PLC 控制程序设计。

4-8　若按钮 I0.1、I0.2、I0.3 分别对应数字 5、6、7。若按下 I0.0，数码显示管熄灭。

4-9　某台设备有两台电动机 M1 和 M2，分别受输出继电器 Q0.0、Q0.1 控制；有手动、自动 1、自动 2 和自动 3 四挡工作方式；使用 I0.0～I0.4 输入端，其中 I0.0、I0.1 接工作方式选择开关，I0.2、I0.3 分别接启动/停止按钮，I0.4 接过载保护。在手动方式中，采用点动控制；在 3 挡自动方式中，Q0.0 启动后分别延时 1 min、2 min 和 3 min 后再启动 Q0.1，控制关系如题表所示。试用 PLC 完成控制程序设计。

题 4 - 9 表

工作方式	工作方式选择		输入按钮作用			输出继电器动作过程
	I0.0	I0.1	I0.2	I0.3	I0.4	
手动	0	0	点动 Q0.0	点动 Q0.1		Q0.0、Q0.1 点动
自动 1	0	1	启动	停止	过载	Q0.0 启动后 1 min，Q0.1 启动
自动 2	1	0	启动	停止	过载	Q0.0 启动后 2 min，Q0.1 启动
自动 3	1	1	启动	停止	过载	Q0.0 启动后 3min，Q0.1 启动

4 - 10 设计一个既能点动控制，又能自锁控制的电动机控制程序。设 I0.0＝ON 时实现点动控制，I0.0＝OFF 时实现自锁控制。试用跳转指令完成。

项目五　PLC 控制的综合应用

【任务描述】

在工控设计中,虽然西门子 S7-200 系列 PLC 已经集成了一定数量的数字量 I/O 点,但如果用户需要的 I/O 点数多于 CPU 单元 I/O 点数时,就必须对 PLC 做数字量 I/O 点数扩展。大多数 CPU 单元只配置了数字量 I/O 口,如果处理模拟量(如对温度、电压、电流、流量、转速、压力等的检测或对电动调节阀和变频器等的控制),就必须对 CPU 单元进行模拟量 I/O 的功能扩展。我们经常使用到压力、流量等模拟量信号。

本任务主要学习如何通过扩展模块增加数字量及模拟量 I/O 点,以满足工业控制的需要。

【任务要求】

(1) 掌握扩展模块的连接方式。

(2) 掌握数字量扩展模块功能及应用。

(3) 掌握模拟量扩展模块功能及应用。

(4) 以小组为单位,在小组内通过分析、对比、讨论,决策出最优的实施步骤方案,由小组长进行任务分工,完成工作任务。

【能力目标】

(1) 学会选择扩展模块的型号。

(2) 掌握扩展模块的应用。

(3) 培养创新改造,独立分析和综合决策能力。

(4) 培养团队协助、与人沟通和正确评价的能力。

【知识链接】

一、扩展模块综述

1. CPU 单元与扩展模块的连接方式

S7-200 系列 CPU 的扩展端口位于机身中部右侧前盖下,CPU 单元与扩展模块由导轨固定，并用总线进行电缆连接。连接时，CPU 模块放在最左侧，扩展模块依次放在右侧，如图 5 - 1 - 1 所示。

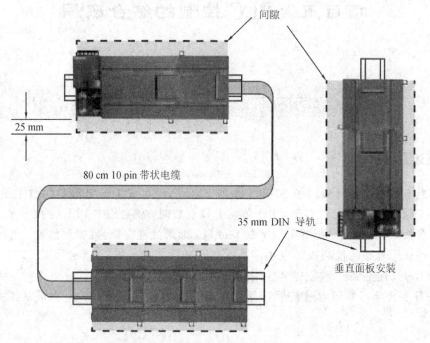

图 5 - 1 - 1　扩展模块连接方式

2. 各型号 CPU 概况参数

S7-200 系列 PLC 各型号 CPU 单元可带扩展模块数量和所能提供的最大直流电流如表 5 - 1 - 1 所示。

表 5 - 1 - 1　各型号 CPU 参数

型　号	数字量 I/O 点	模拟量 I/O 点	可带扩展模块数	最大直流电流/mA	
				+5V DC	+24V DC
CPU 221	6/4	无	0	0	180
CPU 222	8/6	无	2	340	180
CPU 224	14/10	无	7	660	280
CPU 224 XP	14/10	2/1	7	660	280
CPU 226	24/16	无	7	1000	400

3. 扩展模块参数

S7-200 系列 PLC 主要有 6 种基本型号的扩展模块，各扩展模块的型号、I/O 点数及消耗电流如表 5-1-2 所示。

表 5-1-2　各扩展模块的参数

模块类型	型号	输入/输出点数	模块消耗电流/mA	
			+5V DC	+24V DC
数字量扩展模块	EM221	8 点输入(24V DC)	30	4/输入
		8 点输入(120/230V AC)	30	
		16 点输入(24V DC)	70	4/输入
	EM222	4 点输出(24V DC)	40	
		4 点输出(继电器)	30	20/输出
		8 点输出(24V DC)	50	
		8 点输出(继电器)	40	9/输出
		8 点输出(120/230V AC)	110	
	EM223	4 点输入(24V DC)/4 点输出(24V DC)	40	4/输入
		4 点输入(24V DC)/4 点输出(继电器)	40	4/输入 9/输出
		8 点输入(24V DC)/8 点输出(24V DC)	80	
		8 点输入(24V DC)/8 点输出(继电器)	80	4/输入 9/输出
		16 点输入(24V DC)/16 点输出(24V DC)	160	
		16 点输入(24V DC)/16 点输出(继电器)	150	4/输入 9/输出
		32 点输入(24V DC)/32 点输出(24V DC)	240	
		32 点输入(24V DC)/32 点输出(继电器)	205	4/输入 9/输出
模拟量扩展模块	EM231	4 路模拟输入	20	60
		4 路热电偶模拟输入	87	60
		4 路热电阻模拟输入	87	60
	EM232	2 路模拟输出	20	70
	EM235	4 路模拟输入/1 路模拟输出	30	60

4. 扩展模块的寻址和编号

(1) 数字量 I/O 的地址以字节为单位,一个字节由 8 个数字量 I/O 点组成。即使某些 I/O 点未被使用,这些字节中的位也被保留,在 I/O 链中不能分配给后来的模块。

(2) 模拟量扩展模块是按偶数分配地址的,同样,未使用的地址也被保留。

(3) 每种 CPU 模块所提供的本机 I/O 地址是固定的。扩展模块的地址编码按照由左至右的顺序依次排序。

【例 5 - 1 - 1】某一控制系统选用 CPU 224,系统所需的输入、输出点数为数字量输入 24 点、数字量输出 20 点、模拟量输入 6 点、模拟量输出 2 点。试为该系统分配 I/O 地址。

【解】本系统可有多种不同模块的选取组合,图 5 - 1 - 2 所示为其中一种模式连接形式,系统的地址如表 5 - 1 - 3 所示。

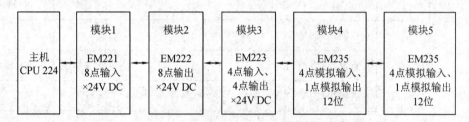

图 5 - 1 - 2 扩展模块选用示意图

表 5 - 1 - 3 各扩展模块的地址

CPU 224		EM221(模块 1)	EM222(模块 2)	EM223(模块 3)		EM235(模块 4)		EM235(模块 5)	
本地 I/O		扩展 I/O							
I0.0	Q0.0	I2.0	Q2.0	I3.0	Q3.0	AIW0	AQW0	AIW8	AQW4
I0.1	Q0.1	I2.1	Q2.1	I3.1	Q3.1	AIW2		AIW10	
I0.2	Q0.2	I2.2	Q2.2	I3.2	Q3.2	AIW4		AIW12	
I0.3	Q0.3	I2.3	Q2.3	I3.3	Q3.3	AIW6		AIW14	
I0.4	Q0.4	I2.4	Q2.4						
I0.5	Q0.5	I2.5	Q2.5						
I0.6	Q0.6	I2.6	Q2.6						
I0.7	Q0.7	I2.7	Q2.7						
I1.0	Q1.0								
I1.1	Q1.1								
I1.2									
I1.3									
I1.4									
I1.5									

二、数字量扩展模块

根据不同的控制要求可以选择 8 点、16 点、32 点或 64 点的数字量 I/O 扩展模块，如表 5 - 1 - 4 所示。

表 5 - 1 - 4　数字量 I/O 扩展模块

型　号	各组输入点数	各组输出点数
EM221, 8 输入 24V DC	4, 4	
EM221, 8 输入 120/230V AC	8 点相互独立	
EM221, 16 输入 24V DC	4, 4, 4, 4	
EM222, 4 输出 24V DC		4
EM222, 4 继电器输出		4
EM222, 8 输出 24V DC		4, 4
EM222, 8 继电器输出		4, 4
EM222, 8 输出 120/230V AC		8 点相互独立
EM223, 4 输入/4 输出 24V DC	4	4
EM223, 4 输入 24V DC/4 继电器输出	4	4
EM223, 8 输入 24V DC/8 继电器输出	4, 4	4, 4
EM223, 8 输入/8 输出 24V DC	4, 4	4, 4
EM223, 16 输入/16 输出 24V DC	8, 8	4, 4, 8
EM223, 16 输入 24V DC/16 继电器输出	8, 8	4, 4, 4, 4
EM223, 32 输入/32 输出 24V DC	16, 16	16, 16
EM223, 32 输入 24V DC/32 继电器输出	16, 16	11, 11, 10

数字量 I/O 扩展模块接线图如图 5 - 1 - 3 所示。

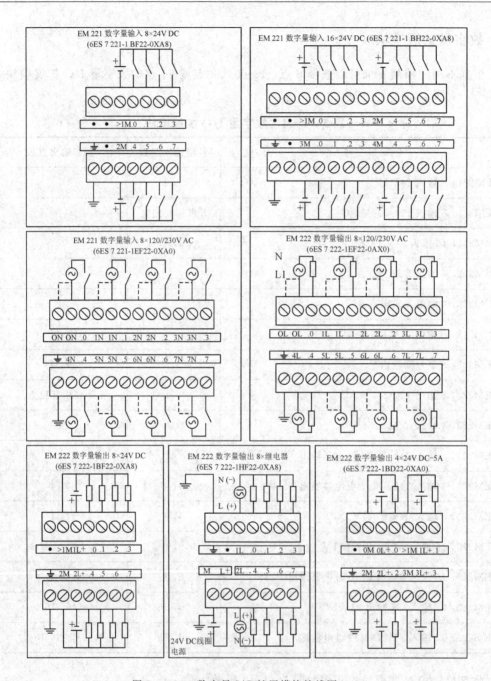

图 5-1-3　数字量 I/O 扩展模块接线图(一)

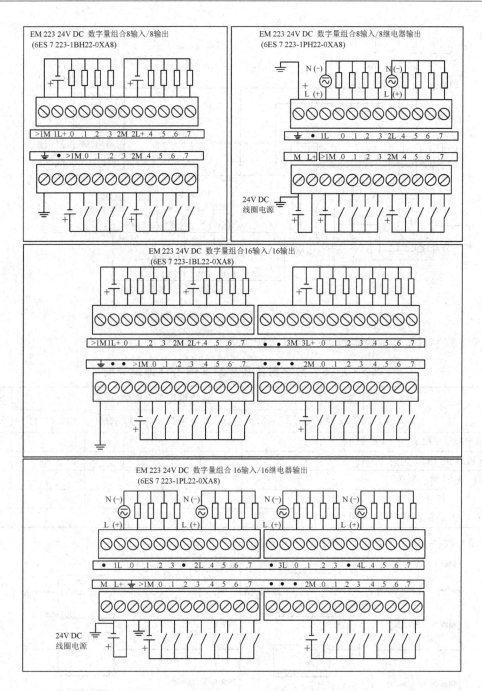

图5-1-4　数字量I/O扩展模块接线图(二)

【例5-1-2】利用数字量输入/输出扩展模块实现电动机的Y-△降压启动控制。主机采用CPU 224，扩展模块使用EM221 8输入24V DC和EM222 8继电器输出。指示灯在启动过程中亮，启动结束时灭。如果发生电动机过载，则停机并且灯光报警。

【解】(1) Y-△降压启动控制线路如图5-1-5所示。

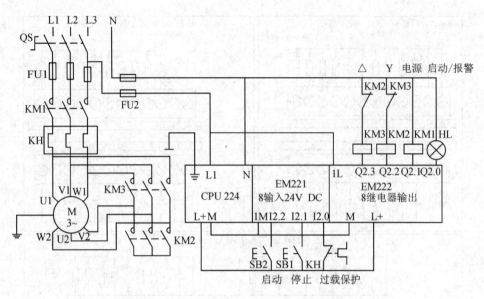

图 5 - 1 - 5　　Y - △降压启动控制线路接线图

（2）数字量扩展模块实例 I/O 地址分配如表 5 - 1 - 5 所示。

表 5 - 1 - 5　　数字量扩展模块实例 I/O 地址分配

状　态	输入继电器	输出继电器/ 负载				控制数据
		Q2.3/ KM3	Q2.2/ KM2	Q2.1/ KM1	Q2.0 /HL	
Y 形启动，T40 延时 10 s	I2.2	0	1	1	1	7
T40 延时到 T41，延时 1 s		0	0	1	1	3
T41 延时到△形运转		1	0	1	0	10
停止	I2.1	0	0	0	0	0
过载保护	I2.0	0	0	0	1	1

（3）数字量扩展模块实例梯形图程序如图 5 - 1 - 6 所示。

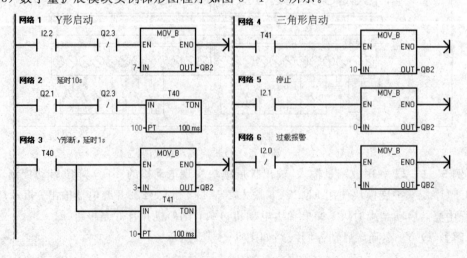

图 5 - 1 - 6　　数字量扩展模块实例梯形图程序

三、模拟量扩展模块

1. 模拟量输入模块概述

模拟量信号是一种连续变化的物理量，而 CPU 单元通常只能接收数字量信号，为实现模拟量控制，必须使用模拟量输入模块对模拟量进行 A/D 转换，将模拟量信号转换成 CPU 单元所能接收的数字量信号。

模拟量输入模块的分辨率为 12 位，其中单极性数据格式的全量程范围输出为 0～32 000，双极性全量程范围输出的数字量为 ±32 000。

模拟量输入模块 EM231 的主要技术参数如表 5-1-6 所示，EM231 的外部接线如图 5-1-7 所示，EM231 输入量程与 DIP 开关设置的关系如表 5-1-7 和表 5-1-8 所示。

表 5-1-6　模拟量输入模块 EM231 的参数

功率损耗	
+5 V DC(从 I/O 总线)	20 mA
从 L+	60 mA
L+电压范围(第 2 级或 DC 传感器供电)	DC 20.4～28.8 V
模拟量输入特性	
模拟量输入点数	4
隔离(现场与逻辑电路间)	无
输入类型	差分输入
输入范围	
电压(单极性)	0～10 V, 0～5 V
电压(双极性)	±5 V, ±2.5 V
电流	0～20 mA
输入分辨率	
电压(单极性)	2.5 mV(0～10 V 时), 1.25 mV(0～5 V 时)
电压(双极性)	2.5 mV(±5 V 时), 1.25 mV(±2.5 V 时)
电流	5 μA(0～20 mA 时)
模/数转换时间	<250 μs
模拟量输入阶跃响应	1.5 ms-95%
共模抑制	40 dB, DC-60 Hz
共模电压	信号电压+共模电压(必须小于等于 12 V)

数据字格式	
双极性，全量程范围	±32 000
单极性，全量程范围	0～32 000
输入阻抗	大于等于 10 MΩ
输入滤波器衰减	−3 dB，3.1 kHz

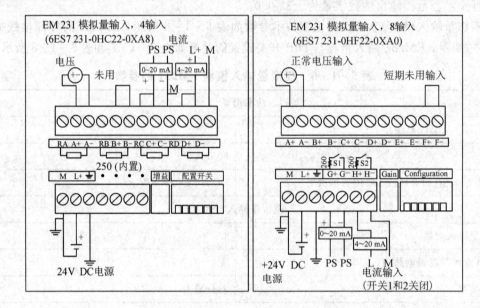

图 5-1-7　模拟量输入扩展模块接线图

表 5-1-7　EM231 4 路输入 DIP 开关设置表

单极性			满量程输入	分辨率
SW1	SW2	SW3		
ON	OFF	ON	0～10 V	2.5 mV
	ON	OFF	0～5 V	1.25 mV
			0～20 mA	5 uA
双极性			满量程输入	分辨率
SW1	SW2	SW3		
OFF	OFF	ON	±5 V	2.5 mV
	ON	OFF	±2.5 V	1.25 mV

表 5 - 1 - 8　EM231 8 路输入 DIP 开关设置表

单极性			满量程输入	分辨率
SW3	SW4	SW5		
ON	OFF	ON	0～10 V	2.5 mV
	ON	OFF	0～5 V	1.25 mV
			0～20 mA	5 uA
双极性			满量程输入	分辨率
SW1	SW2	SW3		
OFF	OFF	ON	±5 V	2.5 mV
	ON	OFF	±2.5 V	1.25 mV

注意：使用开关 1 和 2 来选择电流输入模式。开关 1 打开（ON）为通道 6 选择电流输入模式；关闭（OFF）选择电压模式。开关 2 打开（ON）为通道 7 选择电流输入模式；关闭（OFF）选择电压模式。

2. 模拟量输入值的转换与仿真

转换时应考虑变送器的输入/输出量程和模拟量输入模块的量程，找出被测物理量与 A/D 转换后的数字值之间的比例关系。单极性比例换算只有正的或负的范围，双极性比例换算有正的和负的范围，如图 5 - 1 - 8 所示。

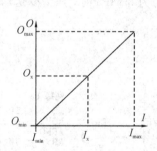　　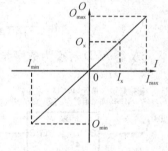

(a) 单极性模拟量输入比例换算关系　　　　(b) 双极性模拟量输入比例换算关系

O_x—换算结果；I_x—模拟量值；O_{max}—换算值的上限；O_{min}—换算值的下限；I_{max}—模拟量输入值的上限；I_{min}—模拟量输入值的下限

图 5 - 1 - 8　模拟量转换

由图 5 - 1 - 8 可得出换算公式：

$$Q_x = \frac{Q_{max} - O_{min}}{I_{max} - I_{min}}(I_x - I_{min}) + O_{min}$$

【例 5 - 1 - 3】量程为 0～10 MPa 的压力变送器的输出信号为 DC 4～20 mA，模拟量输入模块将 0～20 mA 转换为 0～32 000 的数字量。假设某时刻的模拟量输入为 16 mA，试计算转换后的数字值并使用软件仿真。

【解】参考程序如图 5 - 1 - 9 所示。

$$N=\frac{16\times 32\,000}{20}=25\,600$$

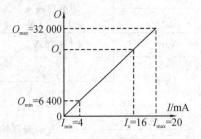

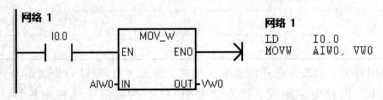

图 5-1-9　例 5-1-3 程序

【例 5-1-4】量程为 0～10 MPa 的压力变送器的输出信号为 DC 4～20 mA。系统控制要求是：当压力大于 8 MPa 时，指示灯亮，否则灯灭。设控制指示灯的输出点为 Q0.0，试编程并仿真。

【解】选择 EM231 的 0～20 mA 挡作为模拟量输入的测量量程，模拟量输入模块将 0～20 mA 转换为 0～32 000 的数字量。当系统压力为 8 MPa 时，压力变送器的输出信号为

$$4+\frac{20-4}{10}\times 8=16.8\ \text{mA}$$

模拟量 16.8 mA 经 A/D 转换为数字量 26 880。

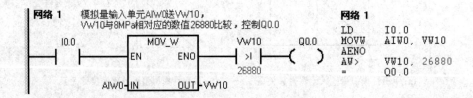

图 5-1-10　例 5-1-4 程序

3. 模拟量输出模块概述

模拟量输出模块用于将 PLC 内部的数字量转换成外部控制所需要的模拟电压或电流，再去控制执行机构。

模拟量输出范围包括 0～10 V、±10 V、0～20 mA。一般的模拟量输出模块都具有电压输出和电流输出这两种输出类型，只是在与负载连接时接线方式不同。另外，模拟量输出模块还有不同的输出功率，在使用时要根据负载情况选择。

模拟量输出模块 EM232 的主要技术参数如表 5-1-9 所示，EM232 的外部接线如图 5-1-11 所示。

表 5 - 1 - 9　模拟量输出模块 EM232 的参数

模拟量输出特性		精度　最差情况，(0 ℃～55 ℃)	
模拟量输出点数	2	电压输出	满量程的±2%
隔离(现场侧到逻辑线路)	无	电流输出	满量程的±2%
信号范围		典型情况(25 ℃)	
电压输出	±10V	电压输出	满量程的±0.5%
电流输出	0～20 mA	电流输出	满量程的±0.5%
数据字格式		稳定时间	
电压	±32 000	电压输出	100 μs
电流	0～+32 000	电流输出	2 ms
分辨率全量程		最大驱动@24V 用户电源	
电压	12 位	电压输出	最小 5000 Ω
电流	11 位	电流输出	最大 500 Ω

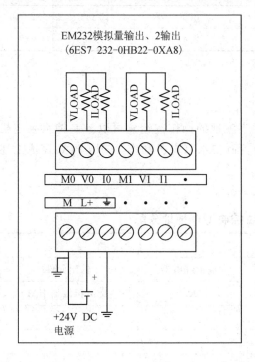
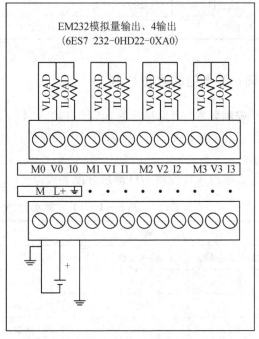

图 5 - 1 - 11　模拟量输出扩展模块接线图

【例 5 - 1 - 5】假设模拟量输出量程设定为 ±10 V，应用仿真法将数字量 2000，4000，8000，16 000，32 000 转换为对应的模拟电压值。

【解】参考程序如图 5 - 1 - 12 所示。各数字量对应的模拟电压见表 5 - 1 - 10。

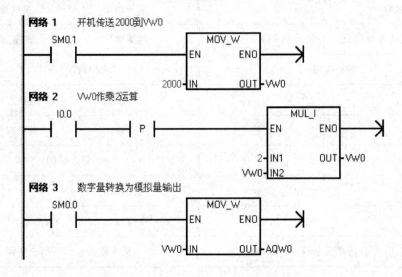

图 5 - 1 - 12　例 5 - 1 - 5 程序

表 5 - 1 - 10　例 5 - 1 - 5 中输出模拟电压

数字量	2000	4000	8000	16 000	32 000
模拟电压/V	0.61	1.22	2.44	4.88	9.76

实训：蓄水池的水位控制

控制要求：当选择开关 SA 没有输入时，代表就地的操作按钮盒可以控制抽水泵电机动作；当选择开关 SA 有输入时，代表远程自动控制抽水泵电机动作。试用 PLC 完成上述要求。

蓄水池水位控制 I/O 地址分配如表 5 - 1 - 11 所示。

表 5 - 1 - 11　蓄水池水位控制 I/O 地址分配

输　入			输　出	
输入继电器	输入元件	作　用	输出继电器	输出元件
I0.0	KH	过载保护	Q0.2	交流接触器 KM
I0.1	SB1	停止（就地）		
I0.2	SB2	启动（就地）		
I0.3	SA	转换开关		
AIW0	LT	液位		

蓄水池水位控制线路如图5-1-13所示。

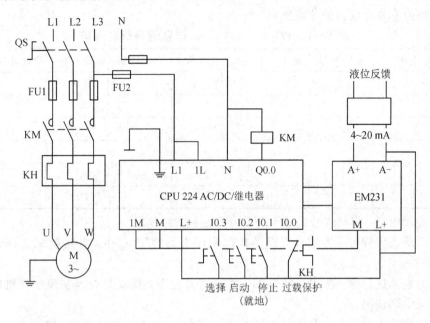

图5-1-13　蓄水池水位控制线路

蓄水池水位控制程序如图5-1-14所示。

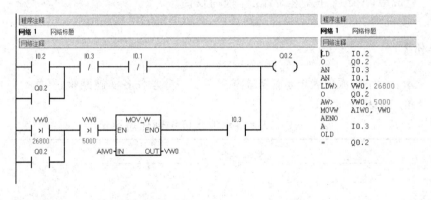

图5-1-14　蓄水池水位控制程序

实训步骤如下：

（1）器材的选择。依据控制要求，教师引导学生分析要完成本次任务所需哪些电器元件，如何选择这些电器元件，如何检测其性能好坏。

（2）按分组领取实施本次任务所需要的工具及材料，同时清点工具、器材与耗材，检查各元件质量，并填写如表5-1-12所示的借用材料清单。

（3）按图5-1-13，在电路板上安装、固定好所有电器元件（电动机除外），并完成线路的连接，注意工艺要求。

（4）检测线路。教师引导学生根据工作要求进行接线检查。

按电路图或接线图从电源端开始，逐段核对接线有无漏接、错接之处，检查导线接点是否符合要求，压接是否牢固，以免带负载运行时产生闪弧现象。

根据工作要求，为确保人身安全，在通电试车时，要认真执行安全操作规程的有关规定，经教师检查并现场监护才能通电试车。

表 5 - 1 - 12 _____ 工作岛借用材料清单

序号	名称	规格型号	单位	申领数量	实发数量	归还时间	归还人签名	管理员签名	备注

（5）接通电源，将模式开关置于"STOP"位置。

（6）启动编程软件，将编译无误的控制程序下载至 PLC 中，并将模式选择开关拨至 RUN 状态。

（7）监控调试程序。在编程软件下，监控调试程序，观察是否能实现电动机的两地控制，并记录实训结果。

（8）教师检查完毕，学生保存工程文档，断开电源总线，拆除线路，整理实训桌面。

 完成后，仔细检查，客观评价，及时反馈。

【任务评价】

（1）展示：各小组派代表展示任务实施效果，并分享任务实施经验。

（2）评价：见表 5 - 1 - 13。

表 5 - 1 - 13　蓄水池水位控制任务评价

班　　级：_____			指导教师：_____				
小　　组：_____							
姓　　名：_____			日　　期：_____				

评价项目	评价标准	评价依据	评价方式			权重	得分小计
			学生自评（20%）	小组互评（30%）	教师评价（50%）		
职业素养	1.遵守企业规章制度、劳动纪律； 2.按时按质完成工作任务； 3.积极主动承担工作任务，勤学好问； 4.注意人身安全与设备安全； 5.工作岗位 6S 完成情况	1.出勤； 2.工作态度； 3.劳动纪律； 4.团队协作精神				0.3	

续表

评价项目	评价标准	评价依据	评价方式			权重	得分小计
			学生自评（20%）	小组互评（30%）	教师评价（50%）		
专业能力	1. 掌握 S7-200 型 PLC 的 JMP 跳转指令、LBL 标号指令的应用； 2. 掌握数字量扩展模块的功能及应用； 3. 掌握模拟量扩展模块的功能及应用	1. 操作的准确性和规范性； 2. 工作页或项目技术总结完成情况； 3. 专业技能任务完成情况				0.5	
创新能力	1. 在任务完成过程中能提出有一定见解的方案； 2. 在教学或生产管理上提出建议，具有创新性	1. 方案的可行性及意义； 2. 建议的可行性				0.2	
合计							

学习任务 2　物料传送小系统的 PLC 控制

【任务描述】

有一物料传送小系统用步进电机带动工作，其控制要求如下：

采用手动方式控制步进电机正反转工作。其中 SB1 为步进电机正转启动按钮，SB2 为步进电机反转启动按钮；按下 SB3，步进电机停止工作。正反转不允许直接切换，必须先按 SB3 停止后才能切换。

本任务将重点讲解中断指令、高速计数器指令和高速脉冲输出指令。

【任务要求】

（1）理解中断指令的功能及应用。

（2）掌握高速计数器指令功能及应用。

（3）熟练使用高速脉冲输出指令。

（4）以小组为单位，在小组内通过分析、对比、讨论，决策出最优的实施步骤方案，由小组长进行任务分工，完成工作任务。

【能力目标】

（1）掌握中断指令的功能及应用。

（2）掌握高速计数器指令功能及应用。

（3）能用高速脉冲输出指令完成对步进电机的控制。

（4）培养创新改造、独立分析和综合决策能力。

（5）培养团队协助、与人沟通和正确评价能力。

【知识链接】

一、中断指令及其应用

很多 PLC 内部或外部事件是随机发生的，事先并不知道这些事件何时发生，但是当问题出现时又需要尽快处理，PLC 采用中断的方式来解决这个问题。

所谓中断，就是当 CPU 执行正常程序时，系统中出现了某些急需处理的特殊请求，这时 CPU 暂时中断现行程序，转而去对随机发生的更紧迫事件进行处理（称为执行中断服务程序），当该事件处理完毕后，CPU 自动返回原来被中断的程序继续执行。

1. 中断指令

中断指令的格式如表 5 - 2 - 1 所示。

表 5 - 2 - 1　　中断指令格式

项目	中断连接指令	中断允许指令	中断分离指令	中断禁止指令
LAD	ATCH EN　ENO INT EVNT	—(ENI)	DTCH EN　ENO EVNT	—(DISI)
STL	ATCH INT, EVNT	ENI	DTCH　EVNT	DISI
描述	当 EN 端有效时，把一个中断事件 EVNT 和一个中断程序 INT 联系起来，并允许这一中断事件	当条件满足时，全局地允许所有中断事件中断	当 EN 端有效时，切断一个中断事件 EVNT 与所有中断程序的联系	当条件满足时，全局地关闭所有被连接的中断事件
操作数	INT：0～127		EVNT：0～33	

说明：

（1）程序开始运行时，CPU 默认禁止所有中断。如果执行中断允许 ENI，则允许所有中断。

（2）多个中断事件可以调用同一个中断程序，但是一个中断事件不能调用多个中断程序。

（3）中断分离指令仅仅禁止某个中断事件与中断程序的联系，而执行中断禁止指令可以禁止所有中断。

2. 中断事件

中断事件向 CPU 发出中断请求。S7-200 有 34 个中断事件，每一个中断事件都分配一个编号用于识别，叫做中断事件号。如表 5-2-2 所示，中断事件大致可以分为三大类：

（1）通信中断。PLC 的自由通信模式下，通信口的状态可由程序控制。用户可以通过编程设置通信协议、波特率和奇偶校验。S7-200 系列 PLC 有 6 种通信口中断事件。

（2）I/O 中断。S7-200 对 I/O 点状态的各种变化产生中断，包括外部输入中断、高速计数器中断和脉冲串输出中断。这些事件可以对高速计数器、脉冲输出或输入的上升或下降状态作出响应。

外部输入中断是系统利用 I0.0~I0.3 的上升或下降沿产生中断；高速计数器中断可以响应当前值等于预设值、计数方向改变、计数器外部复位等事件引起的中断；脉冲串输出中断用来响应给定数量脉冲输出完成引起的中断，脉冲串输出主要的应用是步进电动机。

（3）时基中断。时基中断包括定时中断和定时器 T32/T96 中断。

定时中断用来支持周期性的活动。周期时间以毫秒为单位，周期时间范围为 1~255 ms。对于定时中断 0，把周期时间值写入 SMB34；对定时中断 1，把周期时间值写入 SMB35。当达到设定周期时间值时，定时器溢出，执行中断处理程序。

定时器中断是利用定时器对一个指定的时间段产生中断。这类中断只能使用 1 ms 的定时器 T32 和 T96。当 T32 或 T96 的当前值等于预置值时，CPU 响应定时器中断，执行中断服务程序。

表 5-2-2　中断事件

事件号	中断描述	CPU 221/222	CPU 224	CPU 224 XP/226	事件号	中断描述	CPU 221/222	CPU 224	CPU 224 XP/226
0	上升沿，I0.0	Y	Y	Y	17	HSC2 输入方向改变		Y	Y
1	下降沿，I0.0	Y	Y	Y	18	HSC2 外部复位		Y	Y
2	上升沿，I0.1	Y	Y	Y	19	PTO 0 完成中断	Y	Y	Y
3	下降沿，I0.1	Y	Y	Y	20	PTO 1 完成中断	Y	Y	Y
4	上升沿，I0.2	Y	Y	Y	21	定时器 T32 CT=PT 中断	Y	Y	Y
5	下降沿，I0.2	Y	Y	Y	22	定时器 T96 CT=PT 中断	Y	Y	Y

事件号	中断描述	CPU 221/222	CPU 224	CPU 224 XP/226	事件号	中断描述	CPU 221/222	CPU 224	CPU 224 XP/226
6	上升沿，I0.3	Y	Y	Y	23	端口 0：接收信息完成	Y	Y	Y
7	下降沿，I0.3	Y	Y	Y	24	端口 1：接收信息完成			Y
8	端口 0：接收字符	Y	Y	Y	25	端口 1：接收字符			Y
9	端口 0：发送完成	Y	Y	Y	26	端口 1：发送完成			Y
10	定时中断 0 SMB34	Y	Y	Y	27	HSC0 输入方向改变	Y	Y	Y
11	定时中断 1 SMB35	Y	Y	Y	28	HSC0 外部复位	Y	Y	Y
12	HSC0 CV＝PV（当前值＝预置值）	Y	Y	Y	29	HSC4 CV＝PV（当前值＝预置值）	Y	Y	Y
13	HSC1 CV＝PV（当前值＝预置值）		Y	Y	30	HSC4 输入方向改变	Y	Y	Y
14	HSC1 输入方向改变		Y	Y	31	HSC4 外部复位	Y	Y	Y
15	HSC1 外部复位		Y	Y	32	HSC3 CV＝PV（当前值＝预置值）	Y	Y	Y
16	HSC2 CV＝PV（当前值＝预置值）		Y	Y	33	HSC5 CV＝PV（当前值＝预置值）	Y	Y	Y

【例 5 - 2 - 1】用中断指令控制输出端 Q 的状态。输入端 I0.0 接通上升沿时，Q0.0～Q0.3 接通，输入端 I0.0 断开下降沿时，QB0 ＝ 0。

【解】在图 5 - 2 - 1 的主程序中，将事件 0 与中断程序 INT_0 连接起来，将事件 1 与中断程序 INT_1 连接起来，全局允许中断。

在中断程序 0 中，将常数 15 送到 QB0；在中断程序 1 中，将常数 1 送到 QB0。

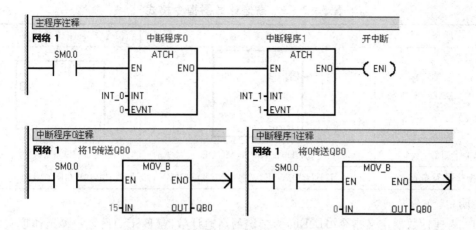

图 5-2-1　例 5-2-1 参考程序

【例 5-2-2】试对模拟量输入信号 AIW0 每隔 10 ms 采样一次。

【解】完成每 10 ms 采样一次，需要用到定时中断，定时中断 0 的中断事件号为 10，因此在图 5-2-2 的主程序中，把周期时间 10 ms 写入 SMB34 中，并将中断事件 10 和中断程序 INT_0 连接，允许所有中断。

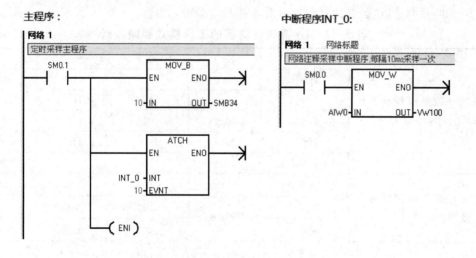

图 5-2-2　例 5-2-2 参考程序

二、高速计数器指令及应用

S7-200 系列 PLC 最多可以配置 6 个高速计数器（HSC0～HSC5），如 CPU 221、CPU 222 只有 4 个高速计数器（HSC0、HSC3、HSC4、HSC5），CPU 224、CPU 226 则有全部的 6 个计数器。这 6 个高速计数器均为 32 位双向计数器。

1. 高速计数器指令

高速计数器指令的格式如表 5-2-3 所示。

表 5 - 2 - 3　高速计数器指令格式

项目	定义高速计数器	高速计数器
| LAD | ```
  ┌─────────┐
  │  HDEF   │
 ─┤EN    ENO├─
  │         │
 ─┤HSC      │
 ─┤MODE     │
  └─────────┘
``` | ```
  ┌─────────┐
  │   HSC   │
 ─┤EN    ENO├─
  │         │
 ─┤N        │
  └─────────┘
``` |
| STL | HDEF　HSC，MODE | HSC　N |
| 操作数及范围 | HSC：(BYTE)常数；MODE：(BYTE)常数；N：(WORD)常数 ||

说明：

(1) 高速计数器定义指令(HDEF)为指定的高速计数器(HSCx)设置一种工作模式，工作模式决定了高速计数器的时钟、方向、启动和复位功能。每个高速计数器只能用一条 HDEF 指令。

(2) 高速计数器指令(HSC)中参数 N 用来设置高速计数器的编号。

2. 高速计数器的使用

1) 高速计数器的工作模式和输入点

S7-200 系列 PLC 的高速计数器具有 4 种基本类型，如表 5 - 2 - 4 所示。

表 5 - 2 - 4　高速计数器的工作模式和输入点

高速计数器标号及各种工作模式对应的输入点	HSC0	I0.0	I0.1	I0.2	×
	HSC1	I0.6	I0.7	I1.0	I1.1
	HSC2	I1.2	I1.3	I1.4	I1.5
	HSC3	I0.1	×	×	×
	HSC4	I0.3	I0.4	I0.5	×
	HSC5	I0.4	×	×	×
带有内部方向控制的单相计数器	模式 0	计数脉冲输入	×	×	×
	模式 1		×	复位	×
	模式 2		×	复位	启动
带有外部方向控制的单相计数器	模式 3	计数脉冲输入	方向	×	×
	模式 4		方向	复位	×
	模式 5		方向	复位	启动
带有增/减计数时钟的双相计数器	模式 6	加计数脉冲输入	减计数脉冲输入	×	×
	模式 7			复位	×
	模式 8			复位	启动
A/B 相正交计数器	模式 9	A 相脉冲输入	B 相脉冲输入	×	×
	模式 10			复位	×
	模式 11			复位	启动

根据外部输入端的不同，HSC0～HSC5 可以配置不同的模式(模式 0～模式 11)。

在使用高速计数器时，除了要定义它的工作模式外，还必须正确使用它的输入端，任何一个没有被高速计数器使用的输入端，都可以用作其它用途。

为了准确计数及适应各种计数控制的要求，高速计数器配有外部启动、复位端子。

说明：

(1) 当有效电平激活复位输入端时，高速计数器清除当前值并保持到复位输入端失效。

(2) 当有效电平激活复启动输入端时，高速计数器计数。若启动输入端失效，高速计数器的当前值保持为常数，并忽略计数脉冲。

(3) 如果启动输入端无效的同时，复位端被激活，则忽略复位信号，当前值保持不变；如果复位端被激活的同时，启动端也被激活，则当前值被复位。

2) 设置控制字节

每一个高速计数器都对应一个控制字节，根据控制要求来设置控制字节，如复位与启动输入信号的有效状态、计数速率、计数方向、是否允许更新计数方向、是否允许更新预置值和初始值、是否允许执行 HSC 指令等，从而实现对高速计数器的控制。控制字节中各控制位的功能如表 5-2-5 所示。

表 5-2-5　控制字节中各控制位的功能

HSC0	HSC1	HSC2	HSC3	HSC4	HSC5	描　述
SM37.0	SM47.0	SM57.0	—	SM147.0	—	0＝复位高电平有效；1＝复位低电平有效
—	SM47.1	SM57.1	—	—	—	0＝启动高电平有效；1＝启动低电平有效
SM37.2	SM47.2	SM57.2	—	SM147.2	—	0＝4×计数率；1＝1×计数率
SM37.3	SM47.3	SM57.3	SM137.3	SM147.3	SM157.3	0＝减计数；1＝增计数
SM37.4	SM47.4	SM57.4	SM137.4	SM147.4	SM157.4	写入计数方向：0＝不更新，1＝更新
SM37.5	SM47.5	SM57.5	SM137.5	SM147.5	SM157.5	写入预置值：0＝不更新，1＝更新
SM37.6	SM47.6	SM57.6	SM137.6	SM147.6	SM157.6	写入初始值：0＝不更新，1＝更新
SM37.7	SM47.7	SM57.7	SM137.7	SM147.7	SM157.7	HSC 允许：0＝禁止 HSC；1＝允许 HSC

3) 设置初始值和预置值

在表 5-2-6 中，每一个高速计数器都对应一个 32 位的当前值和一个 32 位的预置值，两个都是有符号整数。运行时，当前值可以用由程序直接读取 HCn 得到。

表 5 - 2 - 6　初始值和预置值

要装入的值	HSC0	HSC1	HSC2	HSC3	HSC4	HSC5
初始值	SMD38	SMD48	SMD58	SMD138	SMD148	SMD158
预置值	SMD42	SMD52	SMD62	SMD142	SMD152	SMD162
当前值	HC0	HC1	HC2	HC3	HC4	HC5

4）高速计数器的状态位

每一个高速计数器都有一个状态字节，其中的存储位分别指明了当前的计数方向、当前值是否大于预置值等信息，它们只有在执行中断程序时才有效。各状态位的含义如表5 - 2 - 7所示。

表 5 - 2 - 7　状态位的含义

HSC0	HSC1	HSC2	HSC3	HSC4	HSC5	描述
SM36.0	SM46.0	SM56.0	SM136.0	SM146.0	SM156.0	不用
SM36.1	SM46.1	SM56.1	SM136.1	SM146.1	SM156.1	不用
SM36.2	SM46.2	SM56.2	SM136.2	SM146.2	SM156.2	不用
SM36.3	SM46.3	SM56.3	SM136.3	SM146.3	SM156.3	不用
SM36.4	SM46.4	SM56.4	SM136.4	SM146.4	SM156.4	不用
SM36.5	SM46.5	SM56.5	SM136.5	SM146.5	SM156.5	当前计数方向状态位：0＝减计数；1＝增计数
SM36.6	SM46.6	SM56.6	SM136.6	SM146.6	SM156.6	当前值等于预置值状态位：0＝不等；1＝相等
SM36.7	SM46.7	SM56.7	SM136.7	SM146.7	SM156.7	当前值大于预置值状态位：0＝小于等于；1＝大于

5）使用高速计数器编程步骤

（1）对高速计数器进行初始化。

① 选择计数器号及工作模式；

② 设置控制字节；

③ 执行 HDEF 指令；

④ 设定当前值和预设值；

⑤ 设置中断事件并全局开中断；

⑥ 执行 HSC 指令，激活高速计数器。

（2）若计数器在运行中改变设置，须执行下列工作：

① 根据需要来设置控制字节；

② 设置计数器方向（可选）；

③ 设定初始值和预设值（可选）；

④ 执行 HSC 指令。

【例5-2-3】 使用编码器进行定位控制，电动机通过变频器选定合适的速度使传送带运行。按下 SB1，传送带带动货物工作；货物走了 2 m 后传送带自动停止。按下 SB2，传送带停止工作。

【解】 PLC 是通过高速计数器来统计编码器发出的脉冲数，从而来确定货物位置。假设高速计数器统计到 2000 个脉冲时，货物走了 2 m。选择高速计数器 HSC0，工作模式为 1，则系统自动分配 I0.0 为 HSC0 的计数脉冲输入端，I0.2 为复位端。

（1）PLC、变频器之间的连线图如图 5-2-3 所示。

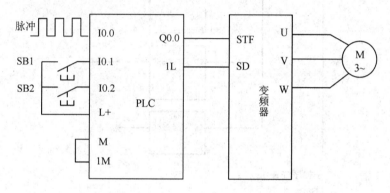

图 5-2-3　PLC、变频器之间的连线图

（2）参考程序如图 5-2-4 所示。

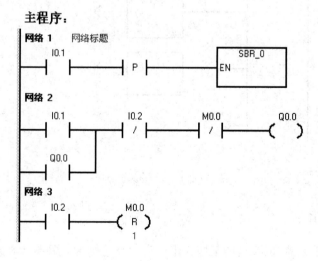

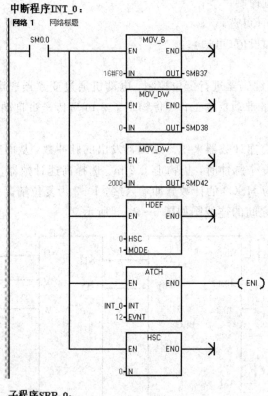

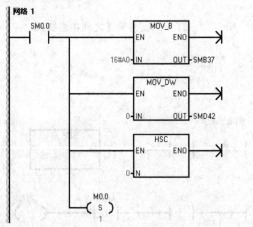

图 5 - 2 - 4 例 5 - 2 - 3 参考程序

三、高速脉冲输出指令

高速脉冲输出功能是指在 PLC 的某些输出端产生高速脉冲，用来驱动负载实现精准控制，这在运动控制中具有广泛应用。

在使用高速脉冲输出功能时，PLC 主机应选用晶体管输出型，以满足高速输出的频率要求。

1. 高速脉冲输出方式

高速脉冲输出方式分为高速脉冲串输出(PTO)和宽度可调脉冲输出(PWM)两种方式。PTO 可以输出一串脉冲(占空比 50%),用户可以控制脉冲的周期和个数。

PWM 可以输出一串占空比可调的脉冲,用户可以控制脉冲的周期和脉宽。

2. 输出端子确定

S7-200 系列 CPU 提供 2 个高速脉冲输出点(Q0.0 和 Q0.1)。同一输出点只能用做一种功能。当 Q0.0、Q0.1 编程时用做高速脉冲输出,则只能用做高速脉冲输出,其他功能则被自动禁止。

3. 高速脉冲输出指令

高速脉冲输出指令格式如表 5-2-8 所示。

表 5-2-8 高速脉冲输出指令格式

LAD	STL	功 能
PLS —EN ENO— —Q0.X	PLS 0/1	检测用程序设置的特殊位存储器,激活由控制位定义的脉冲操作,从 Q0.0 或 Q0.1 输出高速脉冲

4. 特殊位存储器

高速脉冲输出对应的特殊位存储器如表 5-2-9 所示。

表 5-2-9 高速脉冲输出对应的特殊位存储器

Q0.0	Q0.1	名称及功能描述
SMB66	SMB76	状态字节,在 PTO 方式下,跟踪脉冲串的输出状态
SMB67	SMB77	控制字节,控制 PTO/PWM 脉冲输出的基本功能
SMW68	SMW78	PTO/PWM 的周期值(2~65 535)
SMW70	SMW80	PWM 的脉宽值(0~65 535)
SMD72	SMD82	PTO 的脉冲数(1~4 294 967 295)
SMB166	SMB176	多段管线 PTO 运行中的段号
SMW168	SMW178	多段管线 PTO 包络表起始字节地址

(1)状态字节。用于 PTO 方式,每一个高速脉冲输出都对应一个状态字节,程序运行时,根据运行状态使某些位自动置位。状态字节中各状态位对应含义如表 5-2-10 所示。

表 5-2-10 状态字节

状态位	第 0~3 位	第 4 位	第 5 位	第 6 位	第 7 位
功能描述	不用	PTO 增量计算错误终止:0 无错;1 终止	PTO 用户终止命令:0 无错;1 终止	PTO 管线溢出:0 无溢出;1 溢出	PTO 空闲:0 执行中;1 空闲

（2）控制字节。每一个高速脉冲输出都对应一个控制字节，控制字节中各控制位的功能如表 5-2-11 所示。

如果用 Q0.0 作为高速脉冲输出，则对应的控制字节为 SMB67。若 SMB67＝16♯A8，则功能设置为允许脉冲输出多段 PTO，时基为 ms，不允许更新周期值和脉冲数。

表 5-2-11　控制字节含义

Q0.0	Q0.1	功 能 描 述
SM67.0	SM77.0	PTO/PWM 更新周期值：0 不更新；1 更新
SM67.1	SM77.1	PWM 更新脉冲宽度：0 不更新；1 更新脉冲宽度
SM67.2	SM77.2	PTO 更新脉冲数：0 不更新；1 更新
SM67.3	SM77.3	PTO/PWM 时间基准：0 为 us，1 为 ms
SM67.4	SM77.4	PWM 更新方法：0 异步更新；1 同步更新
SM67.5	SM77.5	PTO 操作：0 单段；1 多段
SM67.6	SM77.6	PTO/PWM 模式选择：0 选择 PTO；1 选择 PWM
SM67.7	SM77.7	PTO/PWM 允许：0 禁止；1 允许

使用 PTO/PWM 功能相关的位特殊存储器 SM，还有以下几点需要注意：

① 如果要装入新的脉冲数（SMD72 或 SMD82）、脉冲宽度（SMW70 或 SMW80）或者周期（SMW68 或 SMW78），应该在执行 PLS 指令前装入这些数值到控制寄存器。

② 如果要手动终止一个正在进行的 PTO 包络，要把状态字中的用户终止位（SM66.5 或者 SM76.5）置 1。

③ PTO 状态字中的空闲位（SM66.7 或者 SM76.7）标志着脉冲输出完成。另外，在脉冲串输出完成时，可以执行一段中断服务程序。如果使用多段操作时，可以在整个包络表完成后执行中断服务程序。

5. 使用方法

使用 PTO 时，要按下列步骤进行：

（1）确定脉冲发生器及工作模式；

（2）设置控制字节；

（3）写入周期值、周期增量和脉冲数；

（4）装入包络表首地址，该步只在多段脉冲输出时需要，单段脉冲输出不需要；

（5）设置中断事件并全局允许中断，中断事件号为 19 或 20；

（6）执行 PLS 指令，对 PTO 进行编程。

如要修改 PTO 周期、脉冲数，可在子程序或中断程序进行：

（1）写入新控制字；

（2）写入新周期、脉冲数；

（3）执行 PLS 指令，确认设置。

【例 5-2-4】 单段脉冲串输出举例。要求 PLC 运行后，Q0.0 输出 10 个 1 s 周期的脉冲后，Q0.2 也有输出。

【解】 单段 PTO 参考程序如图 5-2-5 所示。

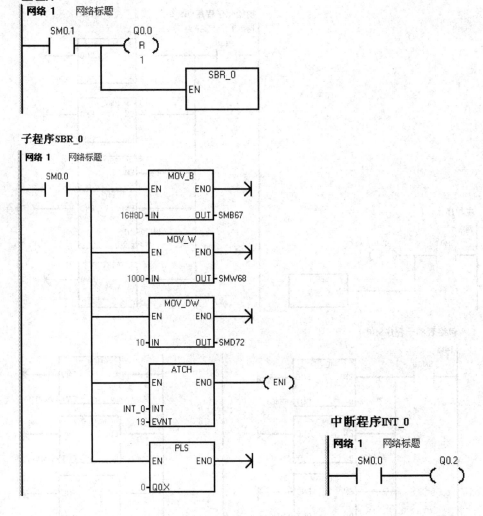

图 5-2-5　单段 PTO 参考程序

【**例 5-2-5**】步进电机工作过程如图 5-2-6 所示。从 A 点加速到 B 点后恒速运行，又从 C 点开始减速到 D 点，完成这一过程后指示灯（Q0.2）显示。电机的转动受脉冲控制，A 点和 D 点的脉冲频率为 2 kHz，B 点和 C 点的频率为 10 kHz，加速过程的脉冲数为 400 个，恒速过程脉冲数为 4000 个，减速过程的脉冲数为 200 个。

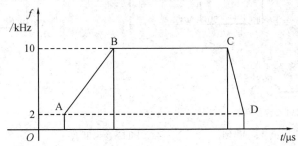

图 5-2-6　步进电机工作过程

【解】多段 PTO 参考程序如图 5 - 2 - 7 所示。

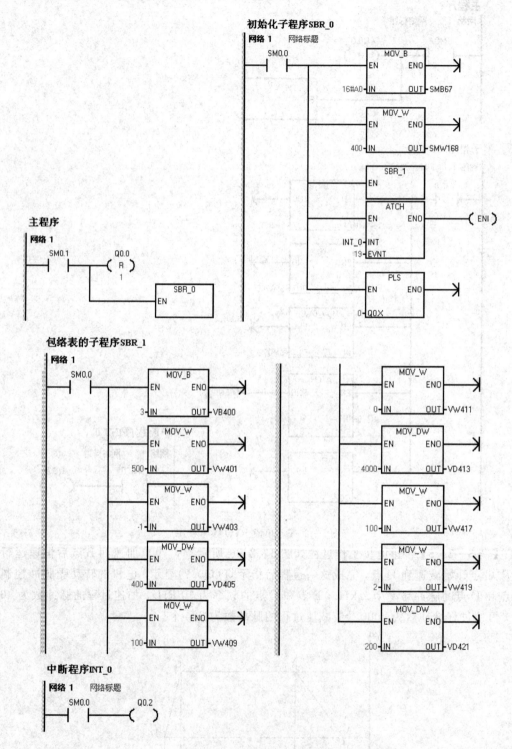

图 5 - 2 - 7　多段 PTO 参考程序

实训：物料传送小系统的 PLC 控制

有一物料传送小系统用步进电机带动工作，其控制要求如下：

手动控制步进电机正反转工作。其中 SB1 为步进电机正转启动按钮，SB2 为步进电机反转启动按钮；按下 SB3，步进电机停止工作。正反转不直接切换，必须先按 SB3 才能切换。

步进电机正反转的 PLC 控制的 I/O 地址分配，如表 5-2-12 所示。

表 5-2-12　步进电机正反转的 PLC 控制的 I/O 地址分配

输　入			输　出	
输入继电器	输入元件	作用	输出继电器	输出元件
I0.0	SB1	正转启动按钮	Q0.0	步进电机驱动器的 CP-端
I0.1	SB2	反转启动按钮	Q0.2	步进电机驱动器的 U/D-端
I0.2	SB3	停止按钮		

步进电机正反转的 PLC 控制线路如图 5-2-8 所示。参考梯形图程序如图 5-2-9 所示。

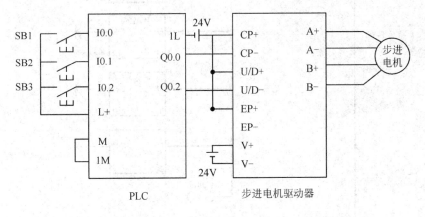

图 5-2-8　步进电机正反转的 PLC 控制线路

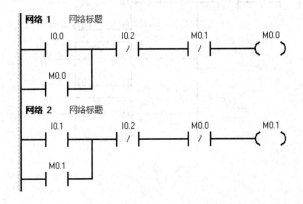

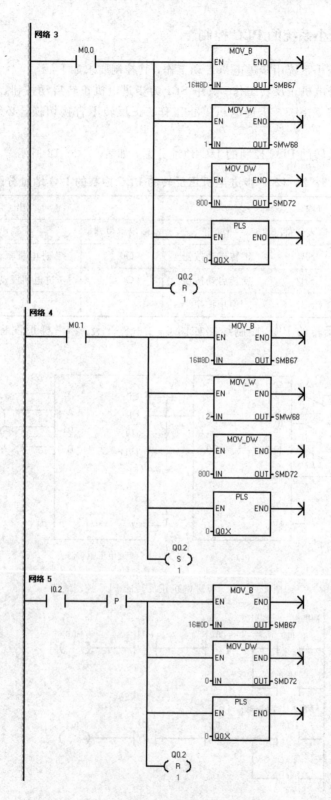

图 5 - 2 - 9　步进电机正反转的 PLC 参考梯形图程序

实训步骤如下：

（1）器材的选择。依据控制要求，教师引导学生分析要完成本次任务所需哪些电器元件，如何选择这些电器元件，如何检测其性能好坏。

（2）按分组领取实施本次任务所需要的工具及材料，同时清点工具、器材与耗材，检查各元件质量，并填写如图 5-2-13 所示的借用材料清单。

（3）按图 5-2-8，完成控制线路的连接。

表 5-2-13 _____ 工作岛借用材料清单

序号	名称	规格型号	单位	申领数量	实发数量	归还时间	归还人签名	管理员签名	备注

（4）检测线路。教师引导学生根据工作要求进行接线检查。

根据工作要求，为确保人身安全，在通电试车时，要认真执行安全操作规程的有关规定，经教师检查并现场监护才能通电试车。

（5）接通电源，将模式开关置于"STOP"位置。

（6）启动编程软件，将编译无误的控制程序下载至 PLC 中，并将模式选择开关拨至 RUN 状态。

（7）监控调试程序。在编程软件下，监控调试程序，观察是否能实现电动机的正反转控制，并记录实训结果。

（8）教师检查完毕，学生保存工程文档，断开电源总线，拆除线路，整理实训桌面。

完成后，仔细检查，客观评价，及时反馈。

【任务评价】

（1）展示：各小组派代表展示任务实施效果，并分享任务实施经验。

（2）评价：见表 5-2-14。

表 5-2-14　物料传送小系统的 PLC 控制任务评价表

评价项目	评价标准	评价依据	评价方式			权重	得分小计
			学生自评（20%）	小组互评（30%）	教师评价（50%）		
职业素养	1. 遵守企业规章制度、劳动纪律； 2. 按时按质完成工作任务； 3. 积极主动承担工作任务，勤学好问； 4. 人身安全与设备安全； 5. 工作岗位 6S 完成情况	1. 出勤； 2. 工作态度； 3. 劳动纪律； 4. 团队协作精神				0.3	
专业能力	1. 熟悉步进电机驱动器各端子的功能； 2. 掌握高速脉冲输出指令的功能； 3. 完成 S7-200 系列 PLC 与步进电机驱动器之间的导线连接	1. 操作的准确性和规范性； 2. 工作页或项目技术总结完成情况； 3. 专业技能任务完成情况				0.5	
创新能力	1. 在任务完成过程中能提出自己有一定见解的方案； 2. 在教学或生产管理上提出建议，具有创新性	1. 方案的可行性及意义； 2. 建议的可行性				0.2	
合计							

班　　级：＿＿＿＿＿＿＿＿＿　　指导教师：＿＿＿＿＿＿＿＿＿

小　　组：＿＿＿＿＿＿＿＿＿

姓　　名：＿＿＿＿＿＿＿＿＿　　日　　期：＿＿＿＿＿＿＿＿＿

项 目 小 结

（1）本项目介绍了扩展模块的应用，I/O 扩展包括 I/O 的点数扩展和功能扩展两类。

S7-200 系列 PLC 大多只配置了一定数量的数字量 I/O 点，因此，当数字量 I/O 点不够时，就需要进行数字量 I/O 点扩展，其扩展模块的地址由 I/O 端口的类型及它的位置决定。

如果要处理模拟量，就必须进行模拟量的功能扩展。模拟量输入模块的功能是实现 A/D 转换；模拟量输出模块把数字量转换为模拟量电压/电流（D/A 转换），再去控制执行机构。

（2）本项目介绍了 S7-200 系列 PLC 的中断指令、高速计数器指令和高速脉冲输出指令的应用。

中断指令的运用增强了PLC处理突发事件的能力，中断技术在PLC的人机联系、实时处理、通信处理和网络中占重要地位。

高速计数器指令主要用来实现高速精确定位控制和数据快速处理，高速计数器可以不受PLC扫描周期的限制，实现对位置、速度、行程、角度等物理量的高精度检测。

高速脉冲输出功能是指在PLC的某些输出端产生高速脉冲，用来驱动负载实现精准控制。在使用高速脉冲输出功能时，PLC主机应选用晶体管输出型，以满足高速输出的频率要求。

高速计数器指令和高速脉冲输出指令用到了大量的特殊位存储器，应掌握其设定方法。

习　题　5

5-1　填空题。

(1) 通常的I/O扩展包括I/O的_____和_____两类。

(2) 扩展模块的地址由_____来决定。

(3) 模拟量输入模块的功能是实现_____转换。

(4) 模拟量输出模块的功能是实现_____转换。

5-2　某控制系统选用CPU 224、EM223和EM235，如题图所示，试为该系统分配I/O地址。

题5-2图

5-3　在I0.0的上升沿通过中断使Q0.0置位。在I0.1的下降沿通过中断使Q0.0复位。

5-4　写出HSC0的控制字、当前值和预置值的存储单元。

5-5　使用高速计数器HSC0(工作模式1)和中断指令对输入端I0.0脉冲信号计数，当计数值大于等于50时输出端Q0.0接通，当外部复位时Q0.0断电。

5-6　试编写PTO程序，要求PLC运行后，在Q0.0产生周期为2 s的脉冲，Q0.0发出10个脉冲后，Q0.2有输出。

项目六　认识西门子 S7-1200 PLC

【任务描述】

使用 S7-1200 系列 PLC 完成三相异步电动机的 Y-△降压启动控制。

【任务要求】

（1）学习 S7-1200 系列 PLC 的硬件组成、CPU 技术指标。

（2）掌握 S7-1200 系列 PLC 常用的基本指令。

（3）掌握编程工具 STEP 7 Basic 的使用。

（4）了解 S7-1200 系列 PLC 的硬件接线和系统调试。

（5）以小组为单位，在小组内通过分析、对比、讨论，决策出最优的实施步骤方案，由小组长进行任务分工，完成工作任务。

【能力目标】

（1）掌握 S7-1200 系列 PLC 的基本知识。

（2）掌握 I/O 分配表的设置。

（3）掌握绘制 S7-1200 系列 PLC 硬件接线图的方法并能正确接线。

（4）掌握 S7-1200 系列 PLC 的基本指令及使用方法。

（5）培养创新改造、独立分析和综合决策能力。

（6）培养团队协助、与人沟通和正确评价能力。

【知识链接】

一、S7-1200 系列 PLC 简介

S7-1200 系列 PLC（Programmable Logic Controller）是西门子公司推出的新一代小型 PLC，主要面向简单而高精度的自动化任务。它集成了以太网接口和很强的工艺功能，是基于西门子自动化的软件平台 TIA 博途的 STEP 7 编程。S7-1200 系列 PLC 在西门子 PLC 系列产品中的定位如图 6-0-1 所示。

S7-1200 系列 PLC 设计紧凑、组态灵活且具有功能强大的指令集，这些特点的组合使它成为控制各种应用的完美解决方案。

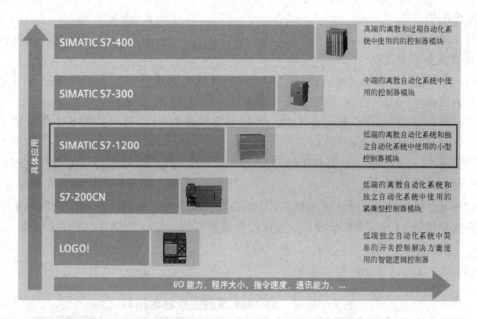

图 6 - 0 - 1 S7-1200 系列 PLC 在西门子 PLC 系列产品中的定位

1. S7-1200 系列 PLC 的硬件结构

S7-1200 系列 PLC 的硬件结构如图 6 - 0 - 2 所示，主要由 CPU 模块、信号板、信号模块、通信模块等组成，各模块安装在标准的 DIN 导轨上，用户可以根据自身需求确定 PLC 的结构，系统扩展十分方便。

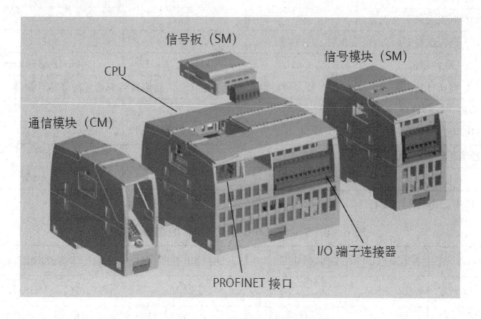

图 6 - 0 - 2 S7-1200 PLC 的硬件结构

（1）CPU 模块。CPU 模块包括 CPU 和存储器。

CPU 相当于人的大脑，它不断地采集输入信号，执行用户程序，刷新输出。存储器用于存储程序和数据。

S7-1200 系列 PLC 集成的 PROFINET 接口用于与计算机、HMI（人机界面）、其他 PLC 或者其他设备通信。

（2）信号模块。数字量输入模块（DI）、数字量输出模块（DQ）、模拟量输入模块（AI）、模拟量输出模块（AQ），它们统称为信号模块。

信号模块安装在 CPU 模块的右边，扩展能力最强的 PLC 可以扩展 8 个信号模块，以增加数字量和模拟量的输入/输出点。

CPU 内部的工作电压一般是 DC 5V，而 PLC 的外部输入/输出信号电压一般较高，例如 DC 24V 或 AC 220V。

（3）通信模块。通信模块安装在 CPU 的左边，最多可以添加 3 个通信模块，可以使用点对点通信模块、PROFIBUS 模块、工业远程通信模块、AS-i 接口模块和 IO-Link 模块。

2. CPU 的技术指标

S7-1200 系列现有 5 种型号的 CPU 模块，如表 6-0-1 所示。

表 6-0-1　S7-1200 系列主要技术指标

特性	CPU 1211C	CPU 1212C	CPU 1214C
本机数字量 I/O	6 入/4 出	8 入/6 出	14 入/10 出
本机模拟量输入点	2 入	2 入	2 入
工作存储器/装载存储器	50KB/1MB	75KB/2MB	100KB/4MB
信号模块扩展个数	无	2	8
最大本地数字量 I/O 点数	14	82	284
最大本地模拟量 I/O 点数	13	19	67
脉冲输出	100kHz	100kHz 或 30kHz	100kHz 或 30kHz
高速计数器	最多可以组态 6 个使用任意内置或信号板输入的高速计数器		
上升沿/下降沿中断点数	6/6	8/8	12/12
脉冲捕获输入点数	6	8	14
传感器电源输出电流/mA	300	300	400
外形尺寸/mm	90×100×75	90×100×75	11×100×75

其中，每一种 CPU 有 3 种不同电源电压输入、输出电压版本，见表 6-0-2。

表 6-0-2　S7-1200 系列 CPU 的电源规格

版本	电源电压	DI 输入电压	DQ 输出电压	DQ 输出电流
DC/DC/DC	DC 24 V	DC 24 V	DC 24 V	0.5A，MOSFET
DC/DC/RLY	DC 24 V	DC 24 V	DC 5～30 V，AC 5～250 V	2A，DC 30 W/ AC 200 W
AC/DC/RLY	AC 85～264 V	DC 24 V	DC 5～30 V，AC 5～250 V	2A，DC 30 W/ AC 200 W

3. CPU 的外部接线

CPU 1214C AC/DC/RLY 的外部接线图如图 6-0-3 所示。其中，输入端 L+和 M 端子之间为内置的 DC 24 V 电源，输入回路也可以使用这个内置的电源。

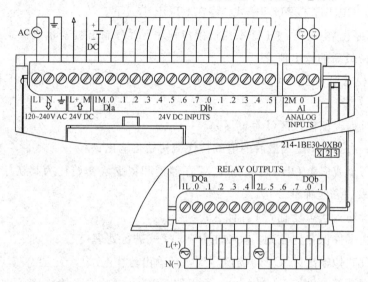

图 6-0-3　CPU 1214C AC/DC/RLY 的外部接线图

CPU 1214C DC/DC/RLY 的接线图与图 6-0-3 的区别在于前者电源电压为 DC 24 V。

CPU 1214C DC/DC/DC 的接线图如图 6-0-4 所示，其电源电压、输入电压、输出电压均为 24 V。

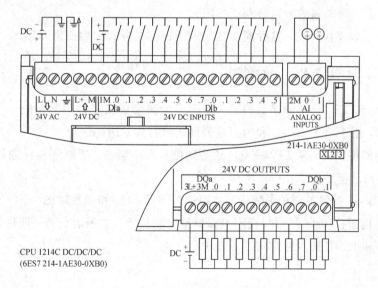

图 6-0-4　CPU 1214C DC/DC/DC 的外部接线图

4. CPU 的工作模式

CPU 有 3 种工作模式：RUN(运行)、STOP(停止)和 STARTUP(启动)。CPU 面板上

的状态 LED 用来指示当前的工作模式,CPU 模块上没有切换工作模式的模式选择开关,可以用编程软件来改变 CPU 的工作模式。

上电后,CPU 进入 STARTUP(启动)模式,进行上电诊断和系统初始化,检查到某些错误时,将禁止 CPU 进入 RUN 模式,停在 STOP 模式下。

在 STOP(停止)模式下,CPU 不执行用户程序,所有输出被禁止或按组态时的设置提供替代值或保持最后的输出值。

从 STOP 模式切换到 RUN 模式时,CPU 先进入 STARTUP(启动)模式,执行下列操作:

(1) 复位过程映像输入区(I 存储区);

(2) 用上一次 RUN 模式最后的值或替代值初始化输出;

(3) 执行一个或多个 OB,将非保持 M 存储器和数据块初始化为其初始值,并启用组态的循环中断事件和时钟事件;

(4) 将外设输入状态复制到 I 存储区;

(5) 将中断事件保存到队列,以便在 RUN 模式进行处理;

(6) 将过程映像输出区(Q 区)的值写到物理输出。

启动阶段结束后,进入 RUN 模式。为了使 CPU 及时响应各输入信号,CPU 反复地分阶段处理各种不同的任务:

(1) 将过程映像输出区的值写到物理输出;

(2) 将输入模块处的输入信号传送至过程映像输入区;

(3) 执行一个或多个 OB,首行执行主程序 OB1;

(4) 处理通信请求和进行自诊断。

上述任务是顺序执行的。这种周而复始的循环工作方式称为扫描循环。

二、编程工具 STEP 7 Basic 的使用

SIMATIC STEP 7 Basic 是西门子公司开发的高集成度工程组态系统,它提供了直观易用的编辑器,用于对 S7-1200 和精简系列面板进行高效组态。

除了支持编程以外,STEP 7 Basic 还为硬件和网络组态、诊断等提供通用的工程组态框架。它的界面总览如图 6-0-5 所示。

STEP 7 Basic 提供了两种编程语言,即梯形图(LAD)和函数块图(FBD)。

其有两种视图:Portal(门户)视图可以概览自动化项目的所有任务;项目视图将整个项目(包括 PLC 和 HMI)按多层结构显示在项目树中。

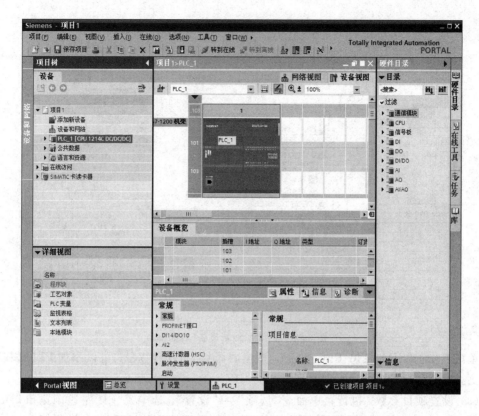

图 6 - 0 - 5　编程工具 STEP 7 Basic——界面总览

1. 创建项目与硬件组态

（1）新建一个项目。执行菜单命令"项目"→"新建"，出现"创建新项目"对话框，如图 6 - 0 - 6 所示，单击"创建"按钮，开始生成新项目。

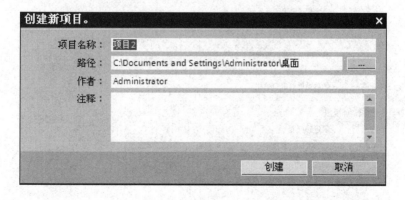

图 6 - 0 - 6　"创建新项目"对话框

（2）添加新设备。双击项目树中的"添加新设备"，出现"添加新设备"对话框，如图 6 - 0 - 7 所示。

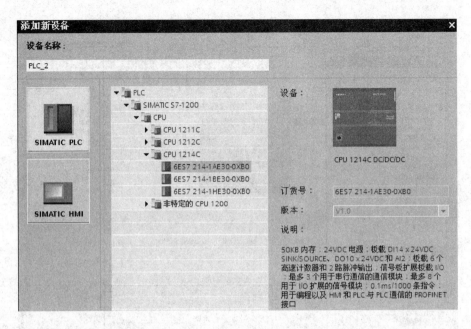

图 6-0-7　"添加新设备"对话框

单击其中的"SIMATIC PLC 按钮",双击要添加 CPU 订货号,可以添加 PLC。在项目树、设备视图和网络视图中可以看到添加的 CPU。

(3)设置项目参数。执行菜单命令"选项"→"设置",选中工作区左边浏览窗口的"常规",如图 6-0-8 所示,用户界面语言为"中文",助记符为"国际"(英语助记符)。

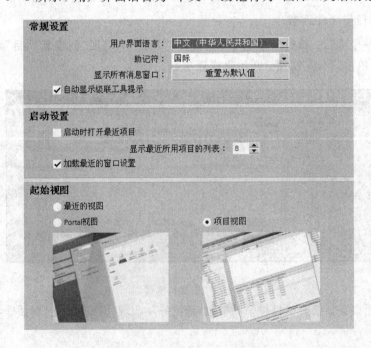

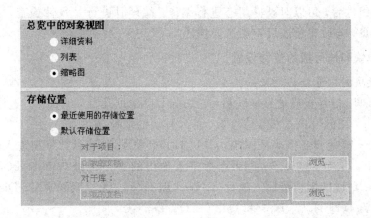

图 6-0-8 设置项目参数

（4）硬件组态的任务。设备组态（Configuring）的任务就是在设备和网络编辑器中生成一个与实际的硬件系统对应的模拟系统，包括系统中的设备（PLC 和 HMI），PLC 各模块的型号、订货号和版本，模块的安装位置和设备之间的通信连接，都应与实际的硬件系统完全相同。

此外，还应设置模块的参数，即给参数赋值，或称为参数化。

自动化系统启动时，CPU 比较组态时生成的虚拟系统和实际的硬件系统，如果两个系统不一致，将采取相应的措施。

（5）在设备视图中添加模块。在硬件组态时，需要将 I/O 模块或通信模块放置到工作区的机架的插槽内：用"拖放"的方法放置硬件对象或用"双击"的方法放置硬件对象。

（6）硬件目录中的过滤器。如果激活了"硬件目录"窗口左上角的"过滤器"功能，则硬件目录只显示与工作区有关的硬件。

例如，用设备视图打开 PLC 的组态画面时，硬件目录不显示 HMI，只显示 PLC 的模块，如图 6-0-9 所示。

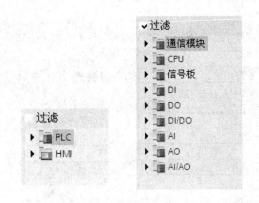

图 6-0-9 硬件目录中的过滤器功能

（7）删除硬件组件。可以删除设备视图或网络视图中的硬件组态组件，被删除的组件的地址可供其他组件使用。不能单独删除 CPU 和机架，只能在网络视图或项目树中删除整个 PLC 站。

删除硬件组件后，可以对硬件组态进行编译。编译时进行一致性检查，如果有错误将会显示错误信息，应改正错误后重新进行编译。

2. 信号模块和信号板的参数设置

1）信号模块和信号板的地址分配

添加了 CPU、信号板或信号模块后，它们的 I/O 地址是自动分配的。选中"设备概览"，可以看到 CPU 集成的 I/O 模板、信号板、信号模块的地址。

在图 6-0-10 的设备概览视图中，CPU 1214C 集成的 14 点数字量输入的字节地址为 0 和 1（I0.0～I0.7，I1.0～I1.5），10 点数字量输出的字节地址为 0 和 1（Q0.0～Q0.7，Q1.0～Q1.1）；集成的模拟量输入地址为 IW64 和 IW66，无模拟量输出；DI2/DQ2 信号板的字节地址均为 4（即 I4.0～I4.1 和 Q4.0～ Q4.1）。

设备概览							
模块	插槽	I 地址	Q 地址	类型	订货号	固件	注释
▼ PLC_1	1			CPU 1214C AC/DC/Rly	6ES7 214-1BE30-0XB0	V1.0	
DI14/DO10	1.1	0…1	0…1	DI14/DO10			
AI2	1.2	64…67		AI2			
DI2/DO2 x 2..	1.3	4	4	DI2/DO2 信号板	6ES7 223-0BD30-0XB0	V1.0	

图 6-0-10　设备概览视图

DI、DQ 的地址以字节为单位分配，如果没有用完分配给它的某个字节中所有的位，剩余的位也不能做它用。

AI/AQ 的地址以组为单位分配，每一组有两个输入/输出点，每个点（通道）占一个或两个字节。

建议不要修改自动分配的地址，在编程时必须使用分配给 I/O 点的地址。

2）数字量输入点的参数设置。

选中设备视图或设备概览中的 CPU 或数字量输入的信号板，然后选中工作区项目的巡视窗口，设置输入端的滤波器时间常数，如图 6-0-11 所示。

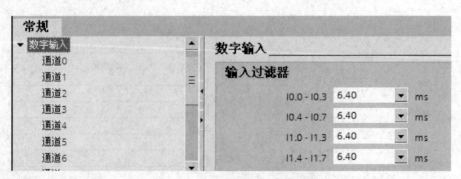

图 6-0-11　设置输入端的滤波器时间常数

还可以用复选框激活输入点的上升沿和下降沿中断功能，以及设置产生中断时调用的硬件中断 OB。

"启用脉冲捕捉"能激活输入端的脉冲捕捉（Pulse Catch）功能，即暂时保持窄脉冲的 ON 状态，直到下一次刷新输入过程映像，如图 6-0-12 所示。

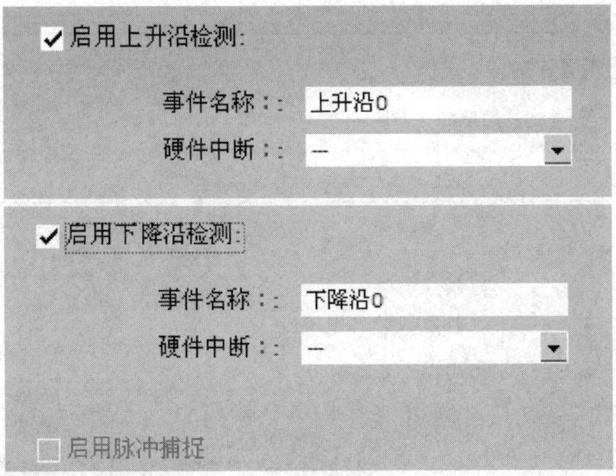

图 6-0-12　激活输入点的上升沿和下降沿中断功能

3）数字量输出点的参数设置

选中设备视图或设备概览中的 CPU 或数字量输出的信号板，然后选中工作区项目的巡视窗口中的"数字量输出"后，可以选择在 CPU 进入 STOP 模式时，数字量输出保持为上一个值，或者使用替代值。若选择"使用替换值"，可以设置替换值：选中复选框表示替换值为 1，反之为 0，如图 6-0-13 所示。

数字输出

对 CPU STOP 的响应：　使用替换值　▼
　　　　　　　　　　　　保持上一个值
　　　　　　　　　　　　使用替换值

通道0

　　　　　　　　　　　　　通道地址：O0.0

　☐ 从 RUN 切换到 STOP 时，替换值 1。

图 6-0-13　数字量输出点的参数设置

4）模拟量输入点的参数设置

选中设备视图中的 AI2 模块，模拟量输入需要设置下列参数（见图 6-0-14）：

（1）积分时间越长，精度越高，快速性越差，干扰抑制频率越低；为了抑制工频干扰，积分时间一般选择 20 ms。

（2）测量类型（电压或电流）和测量范围。

（3）A/D 转换得到的模拟值的滤波等级。滤波用平均值数字滤波来实现，滤波等级越高，模拟值越稳定，但快速性越差。

（4）设置诊断功能，可以选择是否启用短路和溢出诊断功能，只有 4～20 mA 输入才能检测是否有断路故障。

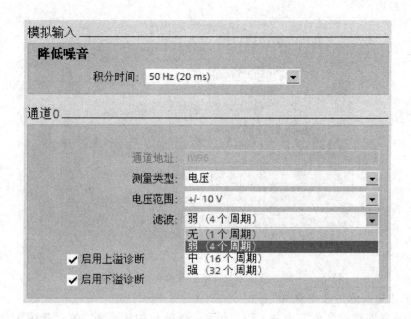

图 6-0-14 模拟量输入点的参数设置

5) 模拟量输出点的参数设置

与数字量输出相同,可以选择在 CPU 进入 STOP 模式时,各模拟量输出保持为上一个值,或者使用替代值。若选择"使用替换值",可以设置各点替换值,如图 6-0-15 所示。

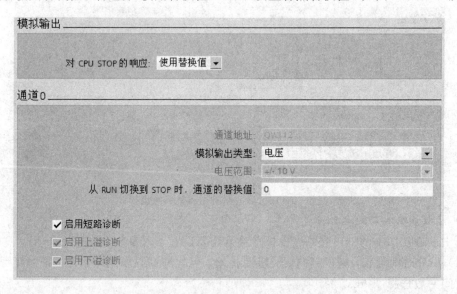

图 6-0-15 模拟量输出点的参数设置

需要设置各点的输出类型(电压或电流)和输出范围,可以激活电压输出的短路诊断功能,电流输出的断路诊断功能,以及超出上限值或下限值的溢出诊断功能。

3. CPU 模块的参数设置

1）设置系统存储器字节与时钟存储器字节

双击项目树某个 PLC 文件夹中的"设备组态"，打开该 PLC 的设备视图。选中 CPU 后，再选中下面巡视窗口中的"属性"→"常规"→"系统和时钟存储器"，分别启用系统存储器字节（默认地址为 MB1）和时钟存储器字节（默认地址为 MB0），如图 6-0-16 所示。

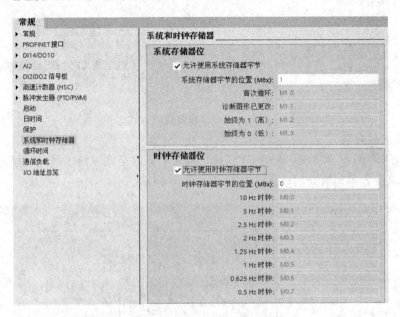

图 6-0-16　设置系统存储器字节与时钟存储器字节

（1）将 MB1 设置为系统存储器字节后，该字节的 M1.0~M1.3 的含义如下：

M1.0（首次循环）：仅在进入 RUN 模式的首次扫描时为 1，以后为 0；

M1.1（诊断图形已更改）：CPU 登录了诊断事件时，在一个扫描周期内为 1；

M1.2（始终为 1）：总是为 1 状态，其常开触点总是闭合；

M1.3（始终为 0）：总是为 0 状态，其常闭触点总是闭合。

（2）时钟脉冲是一个周期内 0 和 1 所占的时间各为 50% 的方波信号，时钟存储器字节每一位对应的时钟脉冲的周期或频率见表 6-0-3。CPU 在扫描循环开始时初始化这些位。

表 6-0-3　时钟存储器字节各位的周期和频率

位	7	6	5	4	3	2	1	0
周期/s	2	1.6	1	0.8	0.5	0.4	0.2	0.1
频率/Hz	0.5	0.625	1	1.25	2	2.5	5	10

以 M0.5 为例，其时钟脉冲的周期为 1 s，如果用它的触点来控制某输出点对应的指示灯，指示灯将以 1 Hz 的频率闪动，亮 0.5 s，暗 0.5 s。

2）设置 PLC 上电后的启动方式

如图 6-0-17 所示，打开该 PLC 的设备视图。选中 CPU 后，再选中下面巡视窗口中的"属性"→"常规"→"启动"，可以组态上电后 CPU 的 3 种启动方式：

（1）不重新启动，保持在 STOP 模式；

（2）暖启动，进入 RUN 模式；

（3）暖启动，进入断电之前的工作模式。

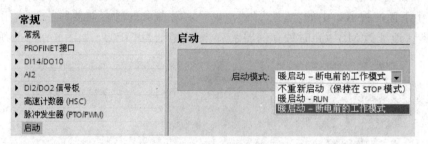

图 6-0-17　设置启动方式

3）设置实时时钟

打开该 PLC 的设备视图，选中 CPU 后，再选中下面巡视窗口中的"属性"→"常规"→"时间"，可以设置本地时间的时区，如图 6-0-18 所示。

图 6-0-18　设置实时时钟

CPU 带有实时时钟（Time-of-day clock），在 PLC 的电源断电时，用超级电容给实时时钟供电。PLC 通电 24 h 后，超级电容被充了足够的能量，可以保证实时时钟运行 10 天。

4）设置循环时间

如图 6-0-19 所示，可以设置循环时间，默认值为 150 ms。

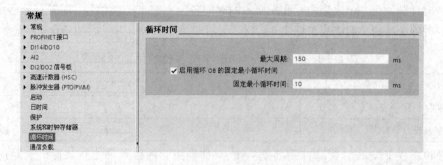

图 6-0-19　设置循环时间

三、系统存储区及数据类型

1. 数据类型

数据类型用来描述数据的长度和属性，常用基本数据类型如表 6-0-4 所示。

表 6-0-4 基本数据类型

变量类型	符号	位数	取值范围	常数举例
位	Bool	1	1，0	TRUE，FALSE 或 1，0
字节	Byte	8	16#00～16#FF	16#12，16#AB
字	Word	16	16#0000～16#FFFF	16#ABCD，16#0001
双字	DWord	32	16#00000000～16#FFFFFFFF	16#02468ACE
字符	Char	8	16#00～16#FF	'A'，'t'，'@'
有符号字节	SInt	8	$-128～127$	123，-123
整数	Int	16	$-32768～32767$	123，-123
双整数	Dint	32	$-2\,147\,483\,648～2\,147\,483\,647$	123，-123
无符号字节	USInt	8	0～255	123
无符号整数	UInt	16	0～65 535	123
无符号双整数	UDInt	32	0～4 294 967 295	123
浮点数（实数）	Real	32	$\pm1.175\,495\times10^{-38}\pm\sim3.402\,823\times10^{38}$	12.45，-3.4，$-1.2E+3$
双精度浮点数	LReal	64	$\pm2.225\,073\,858\,507\,202\,0\times10^{-308}\pm\sim$ $1.797\,693\,134\,862\,315\,7\times10^{308}$	12345.12345 $-1,2E+40$
时间	Time	32	$T\#-24d20h31m23s648ms\sim$ $T\#24d20h31m23s648ms$	$T\#1d\_2h\_15m\_30s\_45ms$

2. 系统存储区

S7-1200 系列 PLC 的系统存储区如表 6-0-5 所示。

表 6-0-5 系统存储区

存储区	描 述	强制	保持
过程映像输入（I）	在扫描循环开始时，从物理输入复制的输入值	Yes	No
物理输入（I_:P）	通过该区域立即读取物理输入	No	No
过程映像出（Q）	在扫描循环开始时，将输出值写入物理输出	Yes	No
物理输出（Q_:P）	通过该区域立即写物理输出	No	No
位存储器（M）	用于存储用户程序的中间运算结果或标志位	No	Yes
临时局部存储器（L）	块的临时局部数据，只能供块内部使用，只可以通过符合方式来访问	No	No
数据块（DB）	数据存储器与 FB 的参数存储器	No	Yes

四、基本指令系统

1. 位逻辑指令

常用位逻辑指令如表 6 - 0 - 6 所示。

表 6 - 0 - 6　常用位逻辑指令

梯形图基本元素	名称	梯形图基本元素	名称	梯形图基本元素	名称
—||—	常开触点	—|R|—	复位	—|P|—	上升沿检测触点
—|/|—	常闭触点	—|S|—	置位	—|N|—	下降沿检测触点
—|NOT|—	取反触点	SET_BF	区域置位	—(P)—	上升沿检测线圈
—( )—	输出线圈	RESET_BF	区域复位	—(N)—	下降沿检测线圈
—(/)—	取反输出线圈	SR	复位优先锁存器	P_TRIG	上升沿触发器
		RS	置位优先锁存器	N_TRIG	下降沿触发器

1）置位、复位指令

置位指令 S：将指定的位操作数置位（变为 1 并保持）。

复位指令 R：将指定的位操作数复位（变为 0 并保持）。

置位和复位指令最主要的特点是有记忆和保持功能。如图 6 - 0 - 20 所示，当 I0.4 的常开触点闭合，Q0.5 变为 1 状态并保持该状态；之后，即使 I0.4 的常开触点断开，Q0.5 也还是保持为 1 状态；当 I0.5 的常开触点闭合，Q0.5 变为 0 状态并保持该状态，即使 I0.5 的常开触点断开，Q0.5 也还是保持为 0 状态。

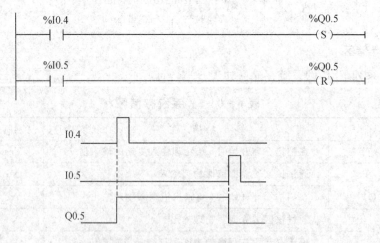

图 6 - 0 - 20　置位、复位指令举例（该图有改动）

2）区域置位、区域复位指令

区域置位指令将指定的地址开始的连续若干个地址置位（变为 1 状态并保持）。

区域复位指令将指定的地址开始的连续若干个地址复位（变为 0 状态并保持）。

如图 6-0-21 所示，在 I0.6 的上升沿（从 0 状态到 1 状态），从 M5.0 开始的连续 4 个位被置位为 1 状态并保持该状态不变；在 M4.4 的下降沿（从 1 状态到 0 状态），从 M5.4 开始的连续 3 个位被复位为 0 状态并保持该状态不变。

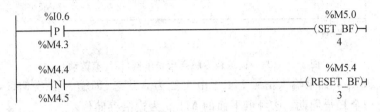

图 6-0-21　区域置位、复位指令举例

3）复位优先、置位优先锁存器

复位优先锁存器和置位优先锁存器对应的真值表如表 6-0-7 所示，两者的区别在于表的最后一行。

在图 6-0-22 中，当置位信号和复位信号同时为 1 时，SR 方框上面的输出位 M7.2 被复位为 0 状态，RS 方框上面的输出位 M7.6 被置位为 1 状态。

表 6-0-7　复位优先、置位优先锁存器对应真值表

复位优先锁存器（SR）			置位优先锁存器（RS）		
S	R1	输出位	R	S1	输出位
0	0	保持前一状态	0	0	保持前一状态
0	1	0	1	0	0
1	0	1	0	1	1
1	1	0	1	1	1

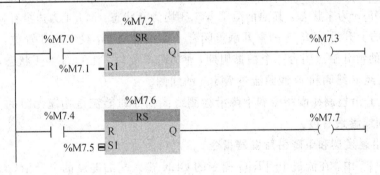

图 6-0-22　复位优先、置位优先锁存器举例

4）边缘检测触点指令

图 6-0-23 中，如果输入信号 I0.6 由 0 变为 1 状态（即输入信号 I0.6 的上升沿），则该触点接通一个扫描周期。

触点下面的 M4.3 为边缘存储位，用来存储上一个扫描循环是 I0.6 的状态，通过比较输入信号的当前状态和上一次循环的状态来检测信号的边沿。边沿存储位的地址只能在程序中使用一次，它的状态不能在其他地方被改写。只能使用 M、全局 DB 和静态局部变量来作边沿存储位，不能使用临时局部数据或 I/O 变量来作边沿存储位。

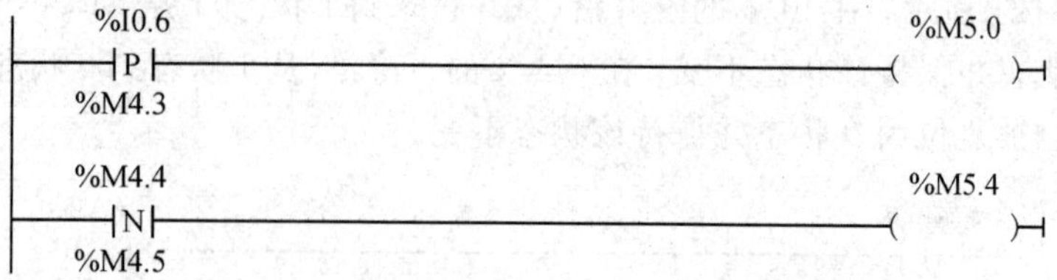

%I0.6
P
%M4.3
%M5.0
%M4.4
N
%M4.5
%M5.4

图 6-0-23　边缘检测触点指令举例(该图有改动)

图 6-0-23 中，如果输入信号 M4.4 由 1 变为 0 状态(即输入信号 M4.4 的下降沿)，则该触点接通一个扫描周期，该触点下面的 M4.5 为边沿存储位。

注意： 边缘检测触点指令不能放在电路结束处。

5）边缘检测线圈指令

在图 6-0-24 中，有 P 的线圈是上升沿检测线圈指令，仅在流进该线圈的能流的上升沿，输出位 M6.1 为 1 状态，其他情况下 M6.1 均为 0 状态，M6.2 为边沿存储位。

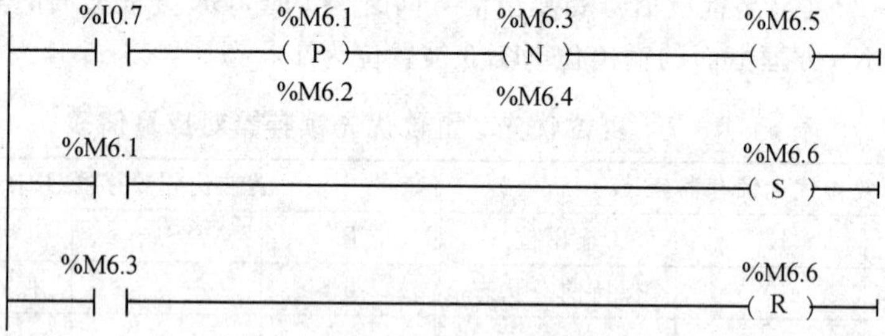

%I0.7
%M6.1
P
%M6.2
%M6.3
N
%M6.4
%M6.5
%M6.1
%M6.6
S
%M6.3
%M6.6
R

图 6-0-24　边缘检测线圈指令举例

在图 6-0-24 中，有 N 的线圈是下降沿检测线圈指令，仅在流进该线圈的能流的下降沿，输出位 M6.3 为 1 状态，其他情况下 M6.3 均为 0 状态，M6.4 为边沿存储位。

在 I0.7 的上升沿，M6.1 的常开触点闭合一个扫描周期，使 M6.6 置位，在 I0.7 的下降沿，M6.3 的常开触点闭合一个扫描周期，使 M6.6 复位。在 I0.7 为 1 状态，I0.7 常开触点闭合，能流经 P 线圈和 N 线圈流过 M6.5 的线圈。

注意： 上升沿检测线圈指令和下降沿检测线圈指令对能流是畅通无阻的，它们可以放在程序的中间或者最右边。

6）上升沿触发器和下降沿触发器指令

图 6-0-25 中，在流进 P_TRIG 指令的 CLK 输入端的能流的上升沿，Q 端输出一个扫描周期的能流，使 M8.1 置位，方框下面的 M8.2 是脉冲存储器位。

%I1.0
%I1.1
P_TRIG
CLK
Q
%M8.1
%M8.1
S
N_TRIG
CLK
Q
%M8.2
%Q0.6
R

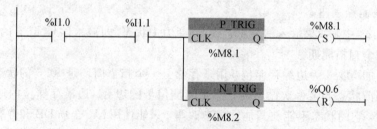

图 6-0-25　上升沿触发器和下降沿触发器指令举例

注意：P_TRIG 指令与 N_TRIG 指令不能放在电路的开始处和结束处。

【例 6-0-1】设计故障信息显示电路，从故障信号 I0.0 的上升沿开始，Q0.7 控制的指示灯以 1 Hz 的频率闪烁。操作人员按复位按钮 I0.1 后，如果故障已经消失，则指示灯灭，如果没有消失，则指示灯转为常亮，直至故障消失。

【解】在设置 CPU 的属性时，令 MB0 为时钟存储字节，其中的 M0.5 提供周期为 1 s 的时钟脉冲。

在图 6-0-26 中，当出现故障时，I0.0 提供的故障信号使 M2.1 为 1 并保持该状态，M2.1 和 M0.5 的常开触点组成的串联电路使 Q0.7 控制的指示灯以 1 Hz 的频率闪烁。按下复位按钮 I0.1，M2.1 被复位为 0 状态。如果故障已经消失，则指示灯灭。如果没有消失，则 M2.1 的常闭触点和 I0.0 的常开触点组成的串联电路使 Q0.7 控制的指示灯转为常亮，直至故障消失使 I0.0 变为 0 状态，指示灯熄灭。

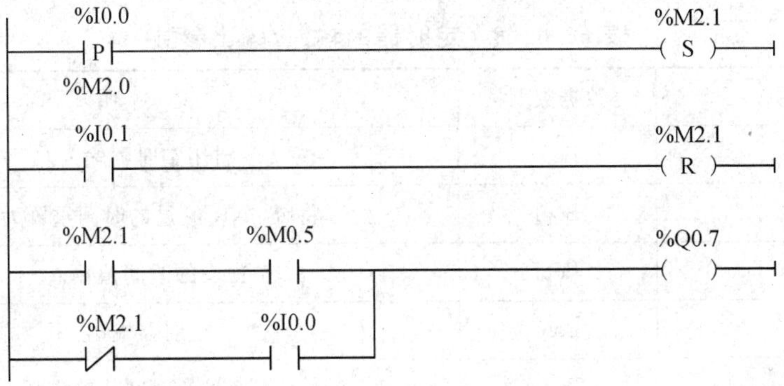

图 6-0-26 故障显示电路

注意：如果将程序中 I0.0 的上升沿触点改为常开触点，在故障没有消失的时候按复位按钮 I0.1，指示灯会变为常亮，但是一旦松开复位按钮，M2.1 又会被置位，指示灯将继续闪烁。

2. 定时器指令

使用定时器指令可创建编程的时间延迟，S7-1200 系列 PLC 有 4 种定时器：

· TP：脉冲定时器，可生成具有预设宽度时间的脉冲。

· TON：接通延迟定时器，输出 Q 在预设的延时过后设置为 ON。

· TOF：关断延迟定时器，输出 Q 在预设的延时过后重置为 OFF。

· TONR：保持型接通延迟定时器，使输出在预设的延时过后设置为 ON。在使用 R 输入重置经过的时间之前，会跨越多个定时时段一直累加经过的时间。

· RT：定时器复位线圈，通过清除存储在指定定时器背景数据块中的时间数据来重置定时器。

各定时器的基本功能如图 6-0-27 所示，其输入/输出参数如表 6-0-8 所示。

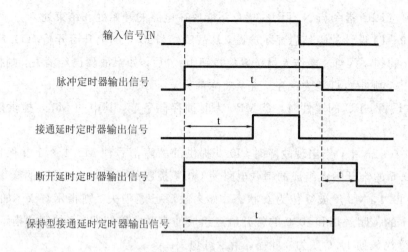

图 6-0-27　各定时器的基本功能

表 6-0-8　定时器的输入/输出参数

参　数	数据类型	说　明
IN	Bool	启用定时器输入
R	Bool	将 TONR 经过的时间重置为零
PT（Preset Time）	Bool	预设的时间值输入
Q	Bool	定时器输出
ET（Elapsed Time）	Time	经过的时间值输出
定时器数据块	DB	指定要使用 RT 指令复位的定时器

　　每个定时器都使用一个存储在数据块中的结构来保存定时器数据。在编辑器中放置定时器指令时可分配该数据块。

　　当参数 IN 从 0 变为 1 时将启动 TP、TON 和 TONR 定时器，当参数 IN 从 1 变 0 时将启动 TOF 定时器。

　　PT 为预设时间值，ET 为定时开始后经过的时间或称为当前时间值（可以不为 ET 指定地址），它们的数值类型为 32 位的 Time，单位为 ms，最大定时时间为 T♯24D_20H_31M_23S_647MS，其中 D、H、M、S、MS 分别为日、小时、分、秒和毫秒。

　　Q 为定时器输出位，各参数均可使用 I、Q、M、D、L 存储区，PT 可以使用常量。

　　定时器指令可以放在程序段的中间或结束处。

　　【例 6-0-2】用接通延时定时器设计周期和占空比可调的振荡电路。

　　【解】图 6-0-28 中，当 I1.1 的常开触点和 M2.7 常闭触点组成的串联电路接通后，左边的定时器开始定时；2 s 后左边的定时器定时时间到，它的 Q 输出端有输出，Q0.7 线圈通电，同时右边的定时器开始定时；3 s 后右边的定时器的定时时间到，它的 Q 输出端有输出，M2.7 线圈通电，M2.7 常闭触点断开，左边的定时器输入断开，该定时器被复位，Q0.7 线圈断电。同时，右边的定时器也被复位，M2.7 线圈断电。则 M2.7 的常闭触点闭合，左边的定时器又开始定时，就这样，Q0.7 的线圈周期性通电和断电，一直到 I1.1 的常开触点断开。

M2.7 只接通一个扫描周期，振荡电路实际上是一个有正反馈的电路，两个定时器的输出 Q 分别控制对方的输入 IN，形成了正反馈。

振荡电路的高、低电平时间分别由两个定时器的 PT 值确定。

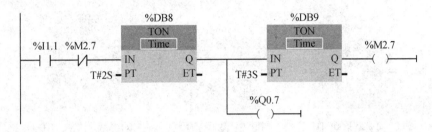

图 6 - 0 - 28　振荡电路

【例 6 - 0 - 3】两条运输带顺序相连，为避免运送的物料在 1 号运输带上堆积，按下启动按钮 I0.3，1 号带开始运行，8 s 后 2 号带自动启动。停机的顺序与启动的顺序相反，按了停止按钮 I0.2 后，先停 2 号带，8 s 后停 1 号带。Q1.1 和 Q0.6 控制两台电动机 M1 和 M2。

【解】如图 6 - 0 - 29 所示，程序中设置了 M2.3 用于启动按钮和停止按钮控制，它控制 TON 定时器的输入端和 TOF 定时器的输入端。

在 I0.3 按下后，TON 定时器的输入端接通，开始定时，8 s 后 Q 输出端变为 1 状态，其控制的 Q0.6 变为 1 状态；在 I0.2 按下后，TON 定时器的输入端断开，TON 定时器自动复位，Q 输出端变为 0 状态，其控制的 Q0.6 变为 0 状态。

在 I0.3 按下后，TOF 定时器的 Q 输出端为 1 状态，当前值被清零，其控制的 Q1.1 变为 1 状态；在 I0.2 按下后，TOF 定时器的输入端断开，开始定时，当前值从 0 逐渐增大，当定时时间达到 8 s 时，Q 输出端变为 0 状态，其控制的 Q1.1 变为 0 状态。

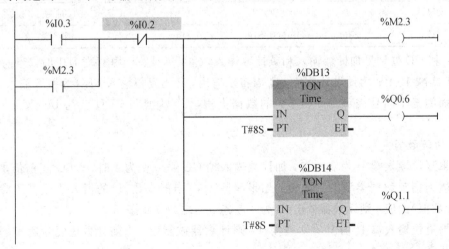

图 6 - 0 - 29　两条运输带顺启逆停

3. 计数器指令

S7-1200 系列 PLC 有 3 种计数器：加计数器（CTU）、减计数器（CTD）和加减计数器（CTUD），如图 6-0-30 所示。它们属于软件计数器，其最大计数速率受到它所在的 OB1 的执行速率的限制。

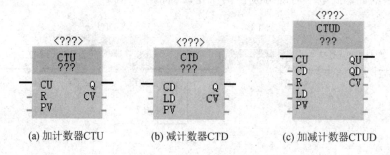

(a) 加计数器CTU   (b) 减计数器CTD   (c) 加减计数器CTUD

图 6-0-30　计数器指令（此图为增加的图）

如果需要速率更高的计数器，可以使用 CPU 内置的高速计数器。

调用计数器指令时，需要生成保存计数器数据的背景数据块。

计数器的输入/输出参数如表 6-0-9 所示。

表 6-0-9　计数器的输入/输出参数

参　数	数据类型	说　明
CU	BOOL	加计数输入端
CD	BOOL	减计数输入端
R（CTU、CTUD）	BOOL	复位端
LD（CTD、CTUD）	BOOL	预设值的装载端
PV	SInt、Int、DInt、USInt、UInt、UDInt	预设计数值
Q、QU	BOOL	CV >= PV 时为 1，反之为 0
QD	BOOL	CV <= 0 时为 1，反之为 1
CV	SInt、Int、DInt、USInt、UInt、UDInt	当前计数值

CU 和 CD 分别是加计数输入和减计数输入，在 CU 或 CD 由 0 变为 1 时，当前计数值 CV 加 1 或减 1。PV 为预设计数值，Q 为布尔输出，R 为复位输入，LD 为装载输入。其中，指令下面的三个问号表示 PV 和 CV 的数据类型，CTU 型和 CTD 型选 Int，CTUD 型选 Dint。

1）增计数器

如果复位输入端 R 为 0 状态，加计数输入端 CU 从 0 变为 1 时，CTU 当前值加 1，直到 CV 达到指定数据类型的上限值。如果参数 CV（当前计数值）的值大于或等于参数 PV（预设计数值）的值，则计数器输出 Q 为 1 状态，反之为 0 状态。

如果复位输入端 R 的值从 0 变为 1，则计数器被复位，当前计数值复位为 0，输出 Q 变为 0 状态。

增计数器的应用如图 6-0-31 所示。

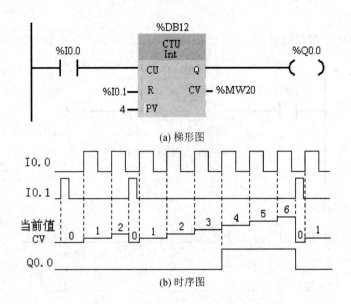

(a) 梯形图

(b) 时序图

图 6-0-31　增计数器(CTU)的应用

2) 减计数器

减计数器的应用如图 6-0-32 所示。

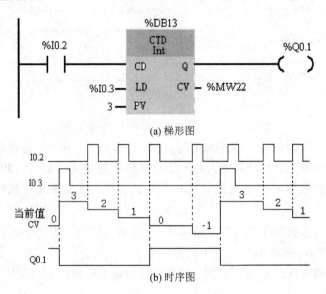

(a) 梯形图

(b) 时序图

图 6-0-32　减计数器(CTD)的应用

　　减计数器的装载输入 LD 为 1 状态时，输出 Q 被复位为 0，并把预设计数值 PV 的值装入 CV。LD 为 1 状态时，减计数输入端 CD 不起作用。

　　当 LD 为 0 状态，减计数输入端 CD 从 0 变为 1 时，当前计数值 CV 减 1，直到 CV 达到指定数据类型的下限值，此后 CD 输入信号的状态变化不再起作用，CV 的值不再减小。如果 CV 的值等于或小于 0，则计数器输出参数 Q 为 1 状态，反之为 0 状态。

3）增减计数器

增减计数器的应用如图 6 - 0 - 33 所示。

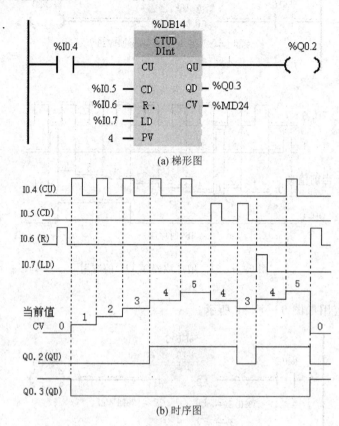

图 6 - 0 - 33　增减计数器（CTUD）的应用

增计数输入端 CU 的值从 0 跳变为 1 时，当前计数值 CV 加 1，直到 CV 达到指定数据类型的上限值时不再增加；减计数输入端 CD 的值从 0 跳变为 1 时，当前计数值 CV 减 1，直到 CV 达到指定数据类型的下限值时不再减小；如果 CU 端和 CD 端同时出现上升沿，CV 保持不变。

如果 CV 的值大于或等于预设计数值 PV，则输出 QU 为 1 状态，反之为 0 状态；如果 CV 的值小于或等于 0，则输出 QD 为 1 状态，反之为 0 状态。

如果装载输入端 LD 的值为 1 状态，则预设计数值 PV 的值装入 CV，输出 QU 变为 1 状态，QD 为 0 状态。

如果复位输入端 R 的值为 1 状态，则当前计数器被复位，CV 为 0，输出 QU 变为 0 状态，QD 为 1 状态。

实训：三相异步电动机 Y - △降压启动控制

控制要求：试用 CPU 1214C 系列 PLC 实现三相异步电动机 Y - △降压启动控制。

三相异步电动机 Y - △降压启动控制的 I/O 地址分配如表 6 - 0 - 10 所示。

表 6 - 0 - 10　三相异步电动机 Y -△降压启动控制 I/O 地址分配

输　入		输　出	
输入继电器	输入元件	输出继电器	输出元件
I0.0	起动按钮	Q0.0	KM1
I0.1	停止按钮和过载保护	Q0.1	KM2
		Q0.2	KM3

电机启动主电路与 PLC 外部接线图如图 6 - 0 - 34 所示。

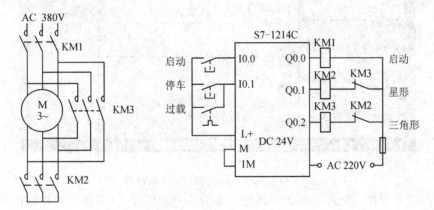

图 6 - 0 - 34　电机启动主电路与 PLC 外部接线图

三相异步电动机 Y -△降压启动控制程序如图 6 - 0 - 35 所示。

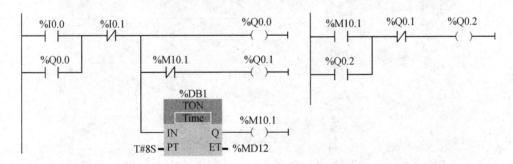

图 6 - 0 - 35　三相异步电动机 Y -△降压启动控制程序

实训步骤如下：

(1) 在项目视图中生成项目。

(2) 添加新设备，其 CPU 的型号、订货号应与实际的硬件相同，如图 6 - 0 - 36 所示。

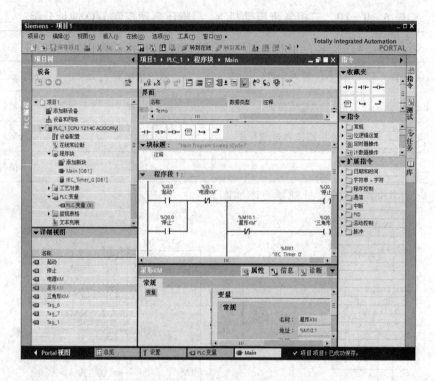

图 6-0-36　项目视图中程序编辑器

（3）打开主程序，生成图 6-0-35 中三相异步电动机 Y-△降压启动控制程序。

（4）用菜单命令"选项"→"设置"，设置程序编辑器参数，如图 6-0-37 和图 6-0-38 所示。

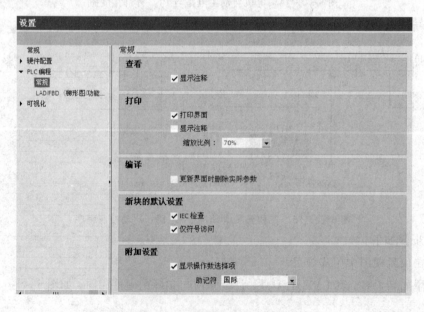

图 6-0-37　程序编辑器设置常规参数

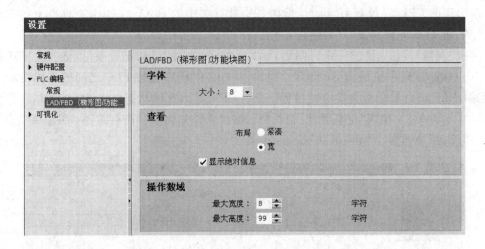

图 6-0-38 程序编辑器设置 LAD/FBD 参数

5）生成和修改变量

如图 6-0-39 所示，打开项目树的文件夹"PLC 变量"，双击其中的"默认变量表"，打开变量编辑器。

在"变量"选项卡空白行的"名称"列输入变量的名称；单击"数据类型"列右侧隐藏的按钮，设置变量的数据类型；在"地址"列输入变量的绝对地址，"%"是系统自动添加的。

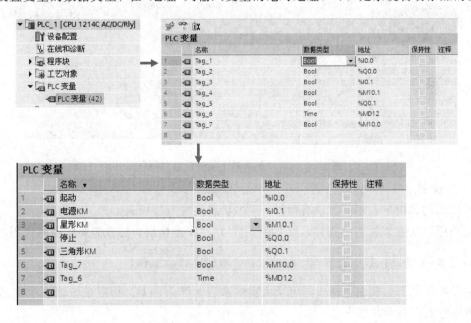

图 6-0-39 生成和修改变量

6）下载用户程序

通过 CPU 与运行 STEP 7 Basic 的计算机的以太网通信，可以执行项目的下载、上传、监控和故障诊断等任务。一对一的通信不需要交换机，两台以上的设备通信则需要交换机。CPU 可以使用直通的或交叉的以太网电缆进行通信。一般不用设置网关的 IP 地址。

　　新出厂的 CPU 还没有 IP 地址,此时选中项目树中的 PLC_1,单击工具栏上的下载按钮,打开"扩展的下载到设备"对话框,如图 6 - 0 - 40 所示。

　　单击"刷新"按钮,经过一定时间后,在"目标子网中的可访问设备"列表里,出现网络上的 S7-1200 CPU 和它的 MAC 地址,图 6 - 0 - 40 中计算机与 PLC 之间的连线由断开变为接通,PLC 的背景色变为实心的橙色,表示 CPU 进入在线状态。"下载"按钮由灰色变为黑色,单击该按钮,出现"下载预览"对话框。编程软件先对项目进行编译,编译成功后,勾选"全部覆盖"复选框,单击"下载"按钮,开始下载。

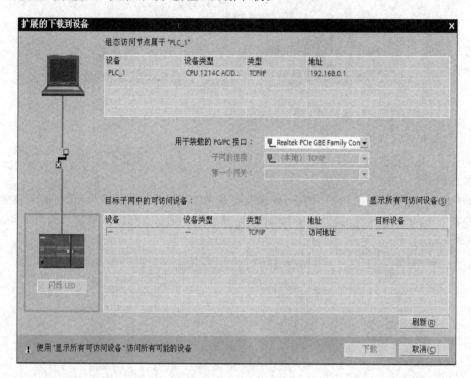

图 6 - 0 - 40 　"扩展的下载到设备"对话框

7) 监视调试程序

　　常用的调试用户程序的方法有两种:程序状态监视与监视表。

　　现用程序状态监视调试程序,与 PLC 建立好在线连接后,打开需要监视的代码块,点击工具栏上的"启用/禁用监视"按钮 ，启动程序状态监视。

　　启动程序状态监视后,梯形图用绿色实线来表示状态满足,用蓝色虚线表示状态不满足,用灰色实现表示状态未知。

　　教师检查完毕,学生保存工程文档,断开电源总线,拆除线路,整理实训桌面。

　　完成后,仔细检查,客观评价,及时反馈。

【任务评价】

(1) 展示：各小组派代表展示任务实施效果，并分享任务实施经验。

(2) 评价：见表 6-0-11。

表 6-0-11 三相异步电动机 Y-△降压启动控制任务评价表

班　　级：＿＿＿＿＿＿＿＿＿　　指导教师：＿＿＿＿＿＿＿＿＿

小　　组：＿＿＿＿＿＿＿＿＿

姓　　名：＿＿＿＿＿＿＿＿＿　　日　　期：＿＿＿＿＿＿＿＿＿

评价项目	评价标准	评价依据	评价方式			权重	得分小计
			学生自评（20%）	小组互评（30%）	教师评价（50%）		
职业素养	1. 遵守企业规章制度、劳动纪律； 2. 按时按质完成工作任务； 3. 积极主动承担工作任务，勤学好问； 4. 人身安全与设备安全； 5. 工作岗位 6S 完成情况	1. 出勤； 2. 工作态度； 3. 劳动纪律； 4. 团队协作精神				0.3	
专业能力	1. 掌握 S7-1200 PLC 编程软件的使用； 2. 掌握 S7-1200 型 PLC 的基本指令功能； 3. 使用 S7-1200 型 PLC 完成异步电动机 Y-△降压启动控制	1. 操作的准确性和规范性； 2. 工作页或项目技术总结完成情况； 3. 专业技能任务完成情况				0.5	
创新能力	1. 在任务完成过程中能提出自己有一定见解的方案； 2. 在教学或生产管理上提出建议，具有创新性	1. 方案的可行性及意义； 2. 建议的可行性				0.2	
合计							

项 目 小 结

(1) 本项目是以 S7-1200 系列 PLC 为对象，介绍其结构、主要技术指标及外部端子。

(2) 在本项目中介绍了编程工具 STEP 7 Basic 的使用。

（3）简单介绍了 S7-1200 系列 PLC 系统存储区及数据类型。

（4）简单介绍了 S7-1200 系列 PLC 基本指令的功能及简单应用，这些指令是 PLC 编程的基础。

（5）通过实训，应用 CPU 1214C 的 PLC 实现三相异步电动机 Y -△降压启动控制，学习 S7-1200 系列 PLC 的硬件接线和系统调试方法。

习　题　6

6-1　型号为 CPU 1214C 的 PLC，最多可以扩展____个信号模块、____个通信模块。信号模块安装在 CPU 模块的____边，通信模块安装在 CPU 的____边。

6-2　型号为 CPU 1214C 的 PLC 有集成的____个数字量输入、____个数字量输出、____个模拟量输入，____点高速输出、____点高速输入。

6-3　时钟存储器字节中，_____的时钟脉冲周期为 500 ms。

6-4　将 MB1 设置为系统存储器字节后，该字节中 M1.0～M1.3 的含义是_____。

6-5　MW0 由 MB____和 MB____组成，MB____是它的高位字节。

6-6　MD20 由 MW____和 MW____组成，MB____是它的最低位字节。

6-7　每一位 BCD 码用____位二进制数来表示，其取值范围为二进制数 2♯____～____。BCD 码 2♯0100 0001 1000 0101 对应的十进制数为_____。

6-8　S7-1200 系列 PLC 有_____、_____、_____、_____4 种定时器。

6-9　TON 型定时器的输入电路 IN_____开始时定时，定时时间大于预设时间时，输出 Q 变为____状态。输入电路 IN 断开时，当前时间值 ET____，输出 Q 变为____状态。

6-10　S7-1200 系列 PLC 有_____、_____、_____3 种计数器。

6-11　在加计数器的复位输入端 R 为____状态，加计数器输入信号端 CU 由____变为____时，当前计数值 CV 加 1。当 CV 大于或等于预设值 PV 时，输出 Q 为____状态。复位输入端 R 为 1 状态时，CV 为____，输出 Q 为____状态。

参考文献

[1]　赵春生. 可编程序控制器应用技术. 北京：人民邮电出版社，2008.

[2]　王永华. 现代电气控制及 PLC 应用技术. 北京：北京航空航天大学出版社，2008.

[3]　廖常初. S7-200 基础教程. 2 版. 北京：机械工业出版社，2009.

[4]　唐波微，谭勇，彭庆丽. 可编程控制器技术应用. 北京：电子工业出版社，2013.

[5]　陶权，韦瑞录. PLC 控制系统设计、安装与调试. 3 版. 北京：北京理工大学出版社，2014.

[6]　廖常初. S7-1200PLC 编程及应用. 3 版. 北京：机械工业出版社，2018.